惑星探査機の軌道計算入門

改訂版

宇宙飛翔力学への誘い

半揚稔雄●著
Toshio HANYOU

日本評論社

はしがき

宇宙飛行の醍醐味は，何といっても惑星等の探査を目的とする惑星間飛行であろう．世界初の惑星探査は，1962年8月27日にアメリカが打ち上げた金星探査機マリナー2号によるものである．そして，その後の惑星探査で最も成果を挙げたのは，何といってもボイジャー1号，2号による木星，土星，天王星，海王星の外惑星を次々と巡る一連の探査であろう．これら2機の探査機は打ち上げから40年を経た2017年現在，太陽系から離脱しつつあるとともに，今なお観測データを送り続けている．ただ一つ残された冥王星探査は，マリナー2号の打ち上げから53年を経た2015年7月14日，探査機ニューホライズンズの接近で遂に達成されるに至った．これにより，以前に計画された太陽系における九つの惑星探査が完結したのである(冥王星は2006年8月まで太陽系第9惑星の座にあった)．この間に，新たに水星から土星までの惑星探査と，彗星や小惑星，準惑星といった天体へ次々と探査機を送り込み，太陽系誕生の謎をとき明かそうとする人類の挑戦が続いている．

マリナー2号が打ち上げられた当時，筆者は中学3年生で，宇宙飛行に関する知識を得ることも困難な時代にこれに興味を覚え，今に至っている．今日では，宇宙工学に関する邦書も多数出版されて，容易に専門的なレベルまで学べる環境が整ったといってよかろう．

本書では，宇宙飛翔力学の入門的な内容として「円錐曲線」，「ケプラー運動」，「軌道遷移」，「軌道決定」，そして「ロケットの性能」といった5章からなる項目を取り上げ，それぞれ数値計算を通して学ぶことから，地球近傍や太陽系規模で見たときの宇宙における距離や速度，さらに飛行時間などの物理量を肌感覚で理解できるようになることを目指している．そして，最後の総仕上げに第6章では，つい先頃行なわれた冥王星探査の立役者，探査機ニューホライズンズの惑星間遷移軌道を計算してみる．このことを通して，読者諸賢の宇宙科学技術に対する理解がさらに一層深められたならば，筆者の意図は尽くされたといってよい．

本書の出版では，日本評論社『数学セミナー』編集長の入江孝成氏に終始適切な助言を戴いた．ここに記して，感謝の意を表したい．

2017年4月1日　　著者識

改訂版によせて

初版の発行から6年近くが経過した．この間に冥王星探査機ニューホライズンズはカイパーベルト天体2014MU69（アロコス，旧称：ウルティマ・トゥーレ）に接近通過して新たな知見をもたらした．ここでは，時間の経過を考慮して，表現の一部を訂正した．

また，探査機ニューホライズンズよりも16年ほど前に打ち上げられた木星探査機ガリレオは，太陽系の成り立ちにかかわる多くの発見をもたらし，その役目をはたして2003年9月に木星へ突入し，そのミッションを終えている．これについては，第6章の一節として今回の改訂の一部に加えた．

さらに，打ち上げから2023年9月の時点で46年を経過する探査機ボイジャー1号，2号の2機は，すでに太陽圏を離脱し星間空間へ突入している．こちらも最新情報を基に，表現の一部に訂正を加えておいた．

一方，地球周辺では新たな有人月探査計画がスタートし，有人火星探査を最終ゴールとする“アルテミス計画”が動き始めた．

本書では新たに第7章を設け，地球から月の周回軌道へ宇宙機を送り込むといったときの軌道をどのように計算するのかといった問題に対して，具体的な処方箋を与えておいた．これを一つの参考として，パーキング軌道面と遷移軌道面が異なる場合のような，より一般的な問題に対して挑戦してみることをお勧めしたい．さらに，アルテミス計画の第2回目の飛行では，4人の宇宙飛行士が乗り込む宇宙船の月の周航飛行を予定しており，この場合の軌道は自由帰還軌道になるとのことである．この場合の軌道をどのように計算するのかといった問題も，ここで述べた問題の発展問題として挑戦されることをお勧めする．

こうした問題に取り組むことで，自分では気づかぬうちに多くの知識を取得するとともに，状況がより一層鮮明にイメージできるようになっている自分に気づかされるはずである．そこが筆者の狙いであり，目的でもある．頭の中での宇宙飛行を，大いに楽しんでもらうことを期待してやまない．

この改訂版にあたっては，今回も入江孝成氏から多くのご助言を得た．ここに感謝の意を表するものである．

2023 年 7 月 10 日　　著者識

目次

惑星探査機の軌道計算入門［改訂版］

宇宙飛翔力学への誘い

序

宇宙飛翔力学とは

古来，天空を運動する天体の運動に関しては，演繹法による典型的科学として知られる**天体力学**がある．

一方，人工衛星や惑星探査機などの**宇宙機**の出現は，その運動に軌道や軌道面の変更という能動的場面があることから，天体力学とは異なる新たな力学の構築を呼び起こすきっかけともなった．宇宙機の能動的運動，すなわち**マヌーバー**には装備するロケットエンジンや小型推進装置スラスターが使われることと，そのための推進剤を無制限に積載できないことを考え合わせると，宇宙機の運動を記述する力学では最適化という概念をその背景とすることが要求された．こうした点を考慮して構成されたのが**宇宙飛翔力学**，あるいは**軌道力学**と呼ばれる分野である．以下では，この分野のあらましを紹介しておく．

手始めは，何といっても基本中の基本である，二つの質点が互いの万有引力だけを受けて運動する**ケプラー運動**についての理解である．ここから，質点の運動する軌道は円錐曲線になることがわかる．本書では質点を宇宙機とみなし，その軌道運動について考えるのであるから，各時点での宇宙機の速度や飛行時間などが運動評価の要素として重視される．こうした内容は，天体力学と変わるところはない．

しかし，宇宙機の軌道や軌道面の変更といった問題では，最適化の観点から，軌道や軌道面の変更に際して必要とされる推進剤を最小にするような変更点を見出すことが要求される．このような問題は天体力学とはまったく異なる点で，まさに宇宙飛翔力学の真骨頂といえよう．

また，宇宙機がある時刻にいずれの位置にあるかという位置決定の問題は，宇宙機の運用上必要欠くべからざる問題である．これは，宇宙機に限らず地球に接近する小惑星などの小天体と地球との衝突予測という観点からも重要であることに変わりはない．観測より得られた軌道データから時間の関数として位置を決定する方法には種々あるが，ここでは軌道要素から軌道を推算する最も基本的な手法を示すにとどめる．

一方で，宇宙機特有の問題として，宇宙機を軌道に投入した時点での位置と速度からその後の軌道を決定するという問題があるが，これは**初期値問題**と呼ばれる．また，惑星間飛行やランデブー飛行のように，異なる軌道上の一点と一点を結ぶ遷移軌道問題では，軌道や軌道面の変更に必要な推進剤を最小とするとか，その間の飛行時間を最小にするという問題が発生し，これらは**二点境界値問題**と呼ばれる．

ところで，ここまでの話は宇宙空間に到達した後での宇宙機の運動に関するものであったが，それ以前に，そこへ到達するまでのロケットの運動も重要な問題である．宇宙機を目標とする軌道へ投入できるには，ロケットの性能が深くかかわってくることは否めない事実である．したがって，こうした点から簡単にロケットの性能を評価する方法が必要になってくる．これについては，5.5節で簡単にふれる．

こうして確立された宇宙飛翔力学は，宇宙機の飛行計画立案に応用されることになる．計画立案には宇宙機のミッション，つまりその任務もしくは目的を把握することが先決で，その内容を調査・分析することを**ミッション解析**といい，それに基づいて軌道を選定・計画することを**軌道設計**という．

例えば，惑星間飛行において，その遷移軌道を求める問題は数学的には“非線形最適化問題”と呼ばれるものになるから，その解法には適切な評価基準(目的関数)のもとに大型コンピューターを駆使した反復計算が必要になる．とくに惑星のスウィングバイを利用するときにはスウィングバイの前後の軌道がうまくつながらない場合がほとんどであるので，反復計算の回数が数千回以上にもおよぶことが一般的である．このときは，計算結果を吟味しながら初期値を変更しつつ計算を進めることになる．

また，最近の惑星探査では探査機を惑星等の周回衛星（オービター）とするのが一般的であるが，このときの軌道設計には地球を周回する人工衛星の極軌道や太陽同期軌道，さらにモルニヤ軌道や凍結軌道といった各種軌道に関する知見がそのまま応用できるといったことがある．

このように，宇宙飛翔力学は，多くの宇宙活動における基礎科学として重要な地位を占めているといえよう．本書では，その広範な内容の要点だけを集約し，具体的な数値計算を随所に配置して十分な理解が得られように努めている．

第1章

円錐曲線の幾何学

放物線，楕円，双曲線などは，まとめて**円錐曲線**と呼ばれる．ここでは，それらの定義とそこから導かれる直交座標表示および極座標表示，さらに各所の呼称などを整理しておく．

1.1 放物線

放物線は，“一定点と一直線からの距離が等しい点の軌跡”として定義される円錐曲線の一つである．図1.1に示すように，x軸上に点F$(q,0)$をとり，これと原点Oに対称な点$(-q,0)$を通りy軸に平行な直線を$x=-q$とする．この直線は**準線**と呼ばれる．放物線上の任意の点をP(x,y)として，ここから準線へ下した垂線の足をNとすると，上述の定義は

$$\overline{\mathrm{PF}}=\overline{\mathrm{PN}}$$

と表される．ここで$\overline{\mathrm{PF}}=\sqrt{(x-q)^2+y^2}$であるから，上式は

$$\sqrt{(x-q)^2+y^2}=x+q$$

と書ける．この両辺を平方し整理すれば

$$y^2=4qx \tag{1.1}$$

となり，これがxy直交座標における放物線の方程式である．ここで点Fは放物線の**焦点**と呼ばれ，qは原点O(頂点)から焦点までの距離を表す．

また，焦点Fからy軸に平行に放物線上の一点までの距離lを**半直弦**と呼ぶが，それは，(1.1)式に点Pの座標として$x=q$，$y=l$を代入することから

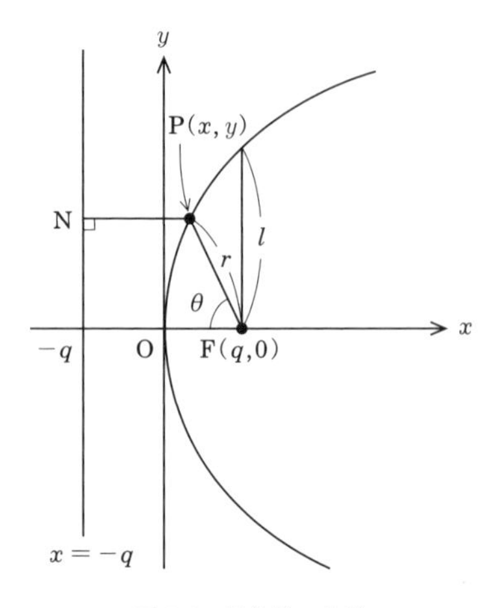

図 1.1　放物線の定義

$$l^2 = 4q^2 \qquad \therefore \quad l = 2q \tag{1.2}$$

と得られる．

次に，焦点 F を極とする極座標 (r, θ) による表示を求めよう．図 1.1 より

$$x = q - r\cos\theta, \qquad y = r\sin\theta$$

であるから，これらの式を(1.1)式へ代入して整理すれば

$$r = \frac{2q}{1+\cos\theta} \tag{1.3}$$

と得られる．したがって，これに(1.2)式を考慮すれば(1.3)式は

$$r = \frac{l}{1+\cos\theta} \tag{1.4}$$

と書くことができる．これが放物線の極方程式である．

1.2　楕円

楕円は，“二定点からの距離の和が一定である点の軌跡” として定義される円錐曲線の一種である．二定点は**焦点**と呼ばれるが，それを F, F′ としてこの二点を通る座標軸を x 軸に，二焦点 F, F′ 間の中点を原点 O として，そこ

を通り x 軸に垂直に y 軸を設定する．このとき，上の定義に従う軌跡上の一点を $\mathrm{P}(x, y)$ とすれば，それは

$$\overline{\mathrm{PF'}}+\overline{\mathrm{PF}} = 2a \quad (\text{一定}) \tag{1.5}$$

と表される．ここで a は定数で，$a>0$ である．

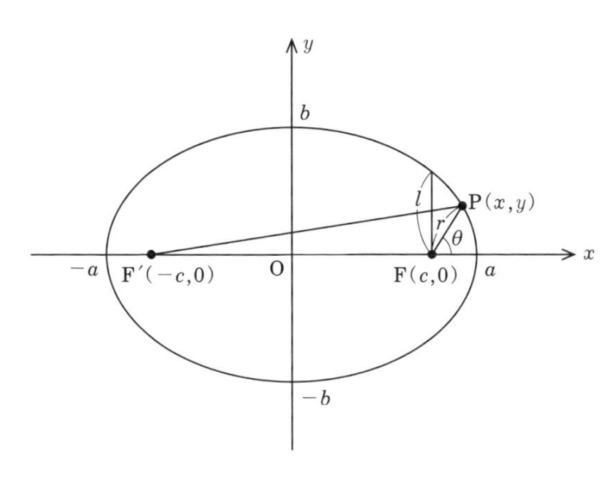

図 1.2　楕円

そこで，図 1.2 に示すように，焦点の座標を $\mathrm{F}(c, 0), \mathrm{F'}(-c, 0)$ とすると

$$\begin{cases} \overline{\mathrm{PF}} = \sqrt{(x-c)^2+y^2} \\ \overline{\mathrm{PF'}} = \sqrt{(x+c)^2+y^2} \end{cases} \tag{1.6}$$

であるから，これらを(1.5)式に代入すれば

$$\sqrt{(x+c)^2+y^2}+\sqrt{(x-c)^2+y^2} = 2a$$

となる．これより

$$\sqrt{(x+c)^2+y^2} = 2a-\sqrt{(x-c)^2+y^2}$$

と変形して両辺を平方し，整理すれば

$$a\sqrt{(x-c)^2+y^2} = a^2-cx$$

となる．さらに，これを平方して整理すると

$$(a^2-c^2)x^2+a^2y^2 = a^2(a^2-c^2)$$

を得る．したがって，この両辺を $a^2(a^2-c^2)$ (>0) で割ると

$$\frac{x^2}{a^2}+\frac{y^2}{a^2-c^2}=1 \tag{1.7}$$

となるから，ここで

$$a^2-c^2=b^2 \tag{1.8}$$

と置けば，(1.7)式は

$$\frac{x^2}{a^2}+\frac{y^2}{b^2}=1 \tag{1.9}$$

となり，xy 直交座標における楕円の方程式が得られる．このとき，a を楕円の**半長軸**，b を**半短軸**という．

また，楕円の**離心率** e は，その定義と(1.8)式から

$$e\equiv\frac{c}{a}=\frac{\sqrt{a^2-b^2}}{a} \tag{1.10}$$

である．

さらに，焦点Fから y 軸に平行に楕円上の一点までの距離 l を**半直弦**と呼ぶが，それは，(1.7)式に点Pの座標として $x=c$，$y=l$ を代入し，さらに(1.10)式を用いて

$$l=\frac{a^2-c^2}{a}=a(1-e^2) \tag{1.11}$$

と得られる．

次に，焦点Fを極とする極座標 (r,θ) による表示を求めよう．図1.2から

$$x=c+r\cos\theta,\qquad y=r\sin\theta$$

であるので，これらの式を(1.7)式へ代入して整理すると

$$r=\frac{\dfrac{a^2-c^2}{a}}{1+\dfrac{c}{a}\cos\theta} \tag{1.12}$$

となる．したがって，これに(1.10)式と(1.11)式を考慮すれば(1.12)式は

$$r=\frac{l}{1+e\cos\theta} \tag{1.13}$$

と書くことができる．これが楕円の極方程式である．

1.3　双曲線

双曲線は，“二定点からの距離の差が一定である点の軌跡”として定義される円錐曲線の一つである．楕円の場合と同様に xy 直交座標を設定し，その原点Oに関して対称な位置に二つの**焦点** F, F′ をとる．このとき，上述の定義に従う軌跡上の一点を $\mathrm{P}(x, y)$ とすれば，それは

$$\overline{\mathrm{PF'}}-\overline{\mathrm{PF}} = 2a \quad (一定) \tag{1.14}$$

と表される．ここで a は定数で，$a > 0$ である．

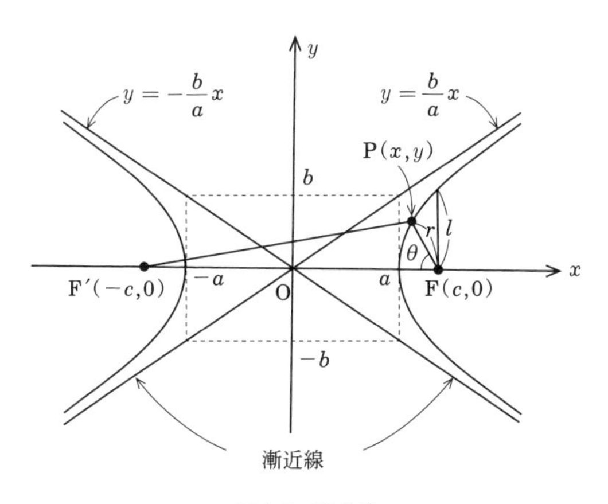

図1.3　双曲線

図1.3に示すように，二焦点の座標を $\mathrm{F}(c, 0), \mathrm{F'}(-c, 0)$ とすると，(1.14)式は(1.6)式を代入して

$$\sqrt{(x+c)^2+y^2}-\sqrt{(x-c)^2+y^2} = 2a$$

と表される．これより

$$\sqrt{(x+c)^2+y^2} = 2a+\sqrt{(x-c)^2+y^2}$$

と変形して両辺を平方し，整理すれば

$$cx - a^2 = a\sqrt{(x-c)^2 + y^2}$$

となるから，さらに，これを平方して整理すると

$$(c^2 - a^2)x^2 - a^2y^2 = a^2(c^2 - a^2)$$

が得られる．そこで，この両辺を $a^2(c^2-a^2)$ (>0) で割ると

$$\frac{x^2}{a^2} - \frac{y^2}{c^2 - a^2} = 1 \tag{1.15}$$

となるから，ここで

$$c^2 - a^2 = b^2 \tag{1.16}$$

と置けば，(1.15)式は

$$\frac{x^2}{a^2} - \frac{y^2}{b^2} = 1 \qquad (a > b > 0) \tag{1.17}$$

となって，xy 直交座標における双曲線の方程式が得られる．ここで，$2a$ を双曲線の**交軸**[1)]，$2b$ を**共役軸**という．

また，双曲線には**漸近線**と呼ばれる限りなく接近する直線が存在する．それは(1.17)式を $y = \pm\dfrac{b}{a}\sqrt{x^2 - a^2}$ と解いた式において，$|x| \to \infty$ とすると $\sqrt{x^2 - a^2} \to \sqrt{x^2}$，つまり $|x|$ となることから

$$y = \pm\frac{b}{a}x \tag{1.18}$$

と得られる．なお，この直線は，(1.17)式の右辺の 1 を 0 とする方程式からも得られる．

次に，双曲線の**離心率** e は，その定義と(1.16)式から

$$e \equiv \frac{c}{a} = \frac{\sqrt{a^2 + b^2}}{a} \tag{1.19}$$

である．

さらに，焦点 F から y 軸に平行に双曲線上の一点までの距離 l を**半直弦**という．それは，(1.15)式に点 P の座標として $x = c$，$y = l$ を代入し，さらに(1.19)式を用いて

$$l = \frac{c^2 - a^2}{a} = a(e^2 - 1) \tag{1.20}$$

と得られる．

次に，焦点Ｆを極とする極座標(r,θ)による表示を求めよう．図1.3から

$$x = c - r\cos\theta, \qquad y = r\sin\theta$$

であるので，これらの式を(1.15)式へ代入して整理すれば

$$r = \frac{\dfrac{c^2 - a^2}{a}}{1 + \dfrac{c}{a}\cos\theta} \tag{1.21}$$

となる．したがって，これに(1.19)式と(1.20)式を考慮すれば(1.21)式は

$$r = \frac{l}{1 + e\cos\theta} \tag{1.22}$$

と表される．これが双曲線の極方程式である．

1.4　円錐曲線の極方程式

これまでの結果をまとめると，円錐曲線の極方程式はいずれの場合も

$$r = \frac{l}{1 + e\cos\theta} \tag{1.23}$$

と表されて，放物線の場合は明らかに$e = 1$であり，楕円のときは(1.10)式より$0 < e < 1$で，さらに，双曲線の場合は(1.19)式から$e > 1$であることがわかる．そして，$e = 0$とすれば(1.23)式は$r = l$（一定）と書けて，円を表すことがわかる．

1）**切軸**，**横軸**ともいう．それは，この軸が二枝の双曲線と交わることによる．したがって，双曲線は共役軸とは交わらない．

第2章

ケプラー運動

人工衛星や惑星探査機などの宇宙機が地球や太陽などの強力な万有引力のみを受けて運動するとき，これを**ケプラー運動**という．その軌道は楕円，円，放物線，双曲線といった円錐曲線になることが知られており，本章では各軌道の物理的特性を踏まえて，それらが宇宙機の軌道としてどのように利用されるかを見ていく．さらに，宇宙機が円錐曲線上の任意の二点間を運動するときの飛行時間を与える式から，第4章で述べる軌道決定に重要なケプラー方程式が導かれることを見る．

2.1 速度と加速度の極座標表示

質点の平面内での曲線運動を考えるときには，2次元極座標を導入して考えると，問題の解決が容易になる．ここでは，この場合の速度と加速度の表示を求めておこう．

2.1.1 速度

図2.1に示すように，平面内に極(原点)Oを定め，そこから点Pまでの動径をr，極Oから引いた半直線を始線(x軸)として，そこから反時計まわりに動径までの角をθとする2次元極座標(r, θ)を設定する．

点Pでの質点の速度ベクトルを$\boldsymbol{v}$，そのx, y成分をv_x, v_yとする．次に，速度ベクトル$\boldsymbol{v}$の動径方向成分をv_r，それに垂直な方向の成分(θの増加する向き)をv_θとする．すると，図2.1から

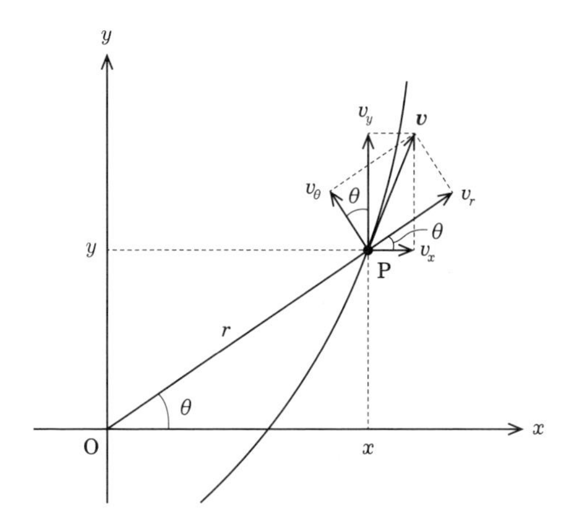

図 2.1　2次元極座標

$$\begin{cases} v_r = v_x \cos\theta + v_y \sin\theta \\ v_\theta = -v_x \sin\theta + v_y \cos\theta \end{cases} \tag{2.1}$$

を得る．

一方，

$$x = r\cos\theta, \qquad y = r\sin\theta \tag{2.2}$$

であるから，

$$\begin{cases} v_x = \dfrac{dx}{dt} = \dfrac{dr}{dt}\cos\theta - r\sin\theta\dfrac{d\theta}{dt} \\ v_y = \dfrac{dy}{dt} = \dfrac{dr}{dt}\sin\theta + r\cos\theta\dfrac{d\theta}{dt} \end{cases} \tag{2.3}$$

である．

したがって，(2.3)式を(2.1)式へ代入すれば

$$v_r = \left(\frac{dr}{dt}\cos\theta - r\sin\theta\frac{d\theta}{dt}\right)\cos\theta + \left(\frac{dr}{dt}\sin\theta + r\cos\theta\frac{d\theta}{dt}\right)\sin\theta = \frac{dr}{dt}$$

$$v_\theta = -\left(\frac{dr}{dt}\cos\theta - r\sin\theta\frac{d\theta}{dt}\right)\sin\theta + \left(\frac{dr}{dt}\sin\theta + r\cos\theta\frac{d\theta}{dt}\right)\cos\theta$$

$$= r\frac{d\theta}{dt}.$$

すなわち，

$$\boldsymbol{v} = (v_r, v_\theta) = \left(\frac{dr}{dt}, r\frac{d\theta}{dt}\right) \tag{2.4}$$

と表される．

2.1.2 加速度

次に，加速度ベクトル $\boldsymbol{a}$ を求めよう．その x, y 成分を a_x, a_y，また，r, θ 方向の成分を a_r, a_θ とする．上述の議論と同様にして

$$\begin{cases} a_r = a_x\cos\theta + a_y\sin\theta = \dfrac{dv_x}{dt}\cos\theta + \dfrac{dv_y}{dt}\sin\theta \\ a_\theta = -a_x\sin\theta + a_y\cos\theta = -\dfrac{dv_x}{dt}\sin\theta + \dfrac{dv_y}{dt}\cos\theta \end{cases} \tag{2.5}$$

を得るから，この式に(2.3)式を代入すれば

$$\begin{aligned} a_r &= \frac{d}{dt}\left(\frac{dr}{dt}\cos\theta - r\sin\theta\frac{d\theta}{dt}\right)\cos\theta + \frac{d}{dt}\left(\frac{dr}{dt}\sin\theta + r\cos\theta\frac{d\theta}{dt}\right)\sin\theta \\ &= \frac{d^2r}{dt^2}\cos^2\theta - 2\frac{dr}{dt}\frac{d\theta}{dt}\sin\theta\cos\theta - r\cos^2\theta\left(\frac{d\theta}{dt}\right)^2 - r\sin\theta\cos\theta\frac{d^2\theta}{dt^2} \\ &\quad + \frac{d^2r}{dt^2}\sin^2\theta + 2\frac{dr}{dt}\frac{d\theta}{dt}\sin\theta\cos\theta - r\sin^2\theta\left(\frac{d\theta}{dt}\right)^2 + r\sin\theta\cos\theta\frac{d^2\theta}{dt^2} \\ &= \frac{d^2r}{dt^2} - r\left(\frac{d\theta}{dt}\right)^2 \end{aligned}$$

$$\begin{aligned} a_\theta &= -\frac{d}{dt}\left(\frac{dr}{dt}\cos\theta - r\sin\theta\frac{d\theta}{dt}\right)\sin\theta + \frac{d}{dt}\left(\frac{dr}{dt}\sin\theta + r\cos\theta\frac{d\theta}{dt}\right)\cos\theta \\ &= -\frac{d^2r}{dt^2}\sin\theta\cos\theta + 2\frac{dr}{dt}\frac{d\theta}{dt}\sin^2\theta + r\sin\theta\cos\theta\left(\frac{d\theta}{dt}\right)^2 + r\sin^2\theta\frac{d^2\theta}{dt^2} \\ &\quad + \frac{d^2r}{dt^2}\sin\theta\cos\theta + 2\frac{dr}{dt}\frac{d\theta}{dt}\cos^2\theta - r\sin\theta\cos\theta\left(\frac{d\theta}{dt}\right)^2 \\ &\quad + r\cos^2\theta\frac{d^2\theta}{dt^2} \end{aligned}$$

$$= 2\frac{dr}{dt}\frac{d\theta}{dt} + r\frac{d^2\theta}{dt^2} = \frac{1}{r}\frac{d}{dt}\left(r^2\frac{d\theta}{dt}\right).$$

すなわち，

$$\boldsymbol{a} = (a_r, a_\theta) = \left(\frac{d^2r}{dt^2} - r\left(\frac{d\theta}{dt}\right)^2, \frac{1}{r}\frac{d}{dt}\left(r^2\frac{d\theta}{dt}\right)\right) \tag{2.6}$$

と得られる．

2.2　軌道の極方程式

本節以降，地球や太陽といった強力な引力源を**中心星**と呼ぶことにする．宇宙機が中心星からの万有引力だけを受けて運動するとき，中心星を一様な密度の完全な球体と仮定すると，それは全質量がその中心点に集中した質点とみなしてよく（付録A参照），また中心星に比べて宇宙機は微小であるとして質点と考える．このとき，宇宙機の軌道面は中心星の中心を通るので，図2.2に示すように，この軌道面内に中心星の中心を極とする極座標(r, θ)を設定すると，宇宙機の単位質量あたりの運動方程式は(2.6)式を使って

$$r\text{方向}: \frac{d^2r}{dt^2} - r\left(\frac{d\theta}{dt}\right)^2 = -\frac{\mu}{r^2} \tag{2.7a}$$

$$\theta\text{方向}: \frac{1}{r}\frac{d}{dt}\left(r^2\frac{d\theta}{dt}\right) = 0 \tag{2.7b}$$

と書くことができる．ここで，(2.7a)式の右辺は単位質量あたりの万有引力を表し，μは**重力定数**と呼ばれて，μ＝（万有引力定数）×（中心星の質量）である．

また，(2.7b)式は直ちに積分することができて，積分定数をhとすると

$$r^2\frac{d\theta}{dt} = h \tag{2.8}$$

となる．これは単位質量あたりの角運動量hが一定に保たれること——**角運動量保存の法則**——を表し，**ケプラーの第2法則**——惑星と太陽を結ぶ動径が一定時間に掃過する面積は等しい——に対応する．

(2.7a)式と(2.8)式から$\dfrac{d\theta}{dt}$を消去すると

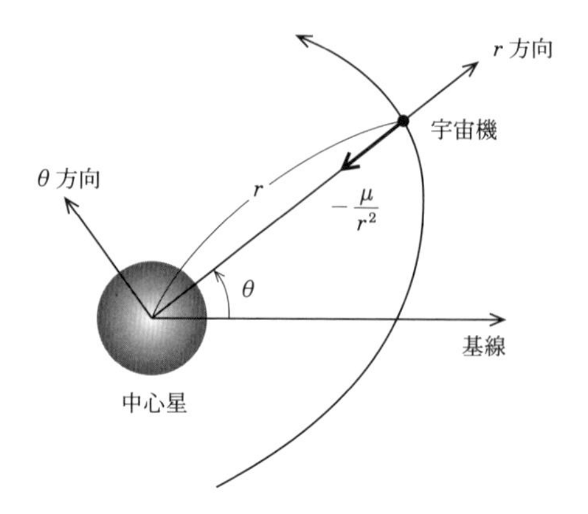

図 2.2　極座標と宇宙機の位置関係

$$\frac{d^2r}{dt^2}-\frac{h^2}{r^3}+\frac{\mu}{r^2}=0$$

を得るから，この両辺に $\dfrac{dr}{dt}$ を掛ければ

$$\frac{dr}{dt}\frac{d^2r}{dt^2}-\frac{h^2}{r^3}\frac{dr}{dt}+\frac{\mu}{r^2}\frac{dr}{dt}=0$$

となる．この式は時間 t で積分できる形式になっているので，積分定数を ε として実行すれば，

$$\frac{1}{2}\left(\frac{dr}{dt}\right)^2+\frac{h^2}{2r^2}-\frac{\mu}{r}=\varepsilon \tag{2.9a}$$

となる．これを**エネルギー積分**といい，運動方程式の一つの解を表している．ここで，(2.8)式から $r\dfrac{d\theta}{dt}=\dfrac{h}{r}$ であるから，これを(2.9a)式へ代入してみると

$$\frac{1}{2}\left\{\left(\frac{dr}{dt}\right)^2+\left(r\frac{d\theta}{dt}\right)^2\right\}-\frac{\mu}{r}=\varepsilon$$

となるので，(2.4)式を考慮すれば

$$\frac{1}{2}v^2-\frac{\mu}{r}=\varepsilon \tag{2.9b}$$

と書けて，力学的エネルギー保存の法則を表していることがわかる．

次に，(2.9a)式を利用して，r と θ の関係を求めることを考えよう．(2.8)式を使うと

$$\frac{dr}{dt} = \frac{dr}{d\theta}\frac{d\theta}{dt} = \frac{h}{r^2}\frac{dr}{d\theta} = -\frac{d}{d\theta}\left(\frac{h}{r}\right)$$

であるから，この式を(2.9a)式に代入して t を消去すれば

$$\frac{1}{2}\left\{-\frac{d}{d\theta}\left(\frac{h}{r}\right)\right\}^2 + \frac{h^2}{2r^2} - \frac{\mu}{r} = \varepsilon$$

となるので，さらに変形すれば

$$\left\{\frac{d}{d\theta}\left(\frac{h}{r}\right)\right\}^2 = 2\varepsilon + 2\frac{\mu}{h}\left(\frac{h}{r}\right) - \left(\frac{h}{r}\right)^2 = 2\varepsilon + \frac{\mu^2}{h^2} - \left(\frac{h}{r} - \frac{\mu}{h}\right)^2 \tag{2.10}$$

となる．そこで，$\dfrac{\mu}{h}$ は定数であるから

$$\frac{d}{d\theta}\left(\frac{h}{r}\right) = \frac{d}{d\theta}\left(\frac{h}{r} - \frac{\mu}{h}\right)$$

であることを考慮し，さらに

$$\frac{h}{r} - \frac{\mu}{h} = \sqrt{2\varepsilon + \frac{\mu^2}{h^2}}\cos\varphi \tag{2.11}$$

と置けば，(2.10)式は

$$\left(\frac{d\varphi}{d\theta}\right)^2 = 1,\ \text{つまり}\quad \frac{d\varphi}{d\theta} = \pm 1$$

となる．したがって，積分定数を $\mp\theta_0$ とすれば，上式は積分して

$$\varphi = \pm(\theta - \theta_0)$$

となる．これを(2.11)式に代入すれば

$$\frac{1}{r} = \frac{\mu}{h^2}\left\{1 + \sqrt{1 + \frac{2\varepsilon h^2}{\mu^2}}\cos(\theta - \theta_0)\right\} \tag{2.12}$$

となり，**軌道の極方程式**が得られる．そこでこの式をもう少し見やすい形式とするために，次のような量を定義する．すなわち，

半直弦：$l \equiv \dfrac{h^2}{\mu}$　(2.13)

離心率：$e \equiv \sqrt{1 + \dfrac{2\varepsilon h^2}{\mu^2}}$　(2.14)

である．そしてさらに，$\theta-\theta_0$ をあらためて θ と書くことにすれば，(2.12)式は

$$r=\frac{l}{1+e\cos\theta} \tag{2.15}$$

と表されて，円錐曲線の極方程式であることがわかる．軌道上で焦点に最も近い点を**近心点**[1]と呼ぶが，θ は近心点からの角変位を表して，**真近点離角**と呼ばれる．

また，近心点距離 r_p は，(2.15)式に $\theta=0°$ および，楕円では(1.11)式を，双曲線では(1.20)式を代入して

$$\text{楕　円}:r_p=a(1-e) \tag{2.16}$$

$$\text{双曲線}:r_p=a(e-1) \tag{2.17}$$

と表される．

さらに，宇宙機の単位質量あたりの全エネルギー ε は，(2.14)式を解き直した式に(2.13)式を用いて

$$\varepsilon=\frac{\mu^2}{2h^2}(e^2-1)=\frac{\mu}{2l}(e^2-1) \tag{2.18}$$

と表される．

軌道の形は，(2.14)式もしくは(2.18)式から e または ε の値によって決まることがわかる．1.4節で述べたように，$e=0$ なら円，$0<e<1$ なら楕円となるが，いずれの場合も $\varepsilon<0$，$e=1$ なら放物線になって $\varepsilon=0$，$e>1$ なら双曲線となり $\varepsilon>0$ である．

ことに，楕円となる場合は，ヨハネス・ケプラー(1571～1630年)によって研究された惑星の公転運動の問題に対応し，“惑星は太陽を焦点とする楕円軌道を運行する”という**ケプラーの第1法則**として知られているものである．

宇宙機の単位質量あたりの全エネルギー ε を具体的に特定しよう．それには，楕円では(1.11)式を，双曲線では(1.20)式を，それぞれ(2.18)式の最右辺へ代入すればよく，

$$\text{楕　円}:\varepsilon=-\frac{\mu}{2a} \tag{2.19}$$

$$\text{双曲線：}\varepsilon = \frac{\mu}{2a} \tag{2.20}$$

と確定する.

2.3 楕円軌道

宇宙機の楕円軌道上における動径 r での速度 v を求めよう. それには(2.19)式を(2.9b)式に代入し, v について解くことにより得られて

$$v = \sqrt{\mu\left(\frac{2}{r} - \frac{1}{a}\right)} \tag{2.21a}$$

となる. この軌道で, 中心星に最も近い点を**近心点**, また最も遠い点を**遠心点**と呼ぶ[1]. そして, 近心点距離 r_p, 遠心点距離 r_a の楕円軌道において, 動径 r での速度 v は, (2.21a)式へ $a = \frac{r_p + r_a}{2}$ を代入して

$$v = \sqrt{2\mu\left(\frac{1}{r} - \frac{1}{r_p + r_a}\right)} \tag{2.21b}$$

と表される.

例えば, 人工衛星を静止軌道へ投入するための**静止遷移軌道**は, 図2.3にあるように, 近地点高度200 km, 遠地点高度35786 km の楕円軌道の半周であるから, 地球の重力定数 $\mu = 3.986004 \times 10^5\ \mathrm{km^3/s^2}$ (付録B参照, 以下同様)を用いてその近地点および遠地点での速度 v_p, v_a を計算してみると, それぞれ(2.21b)式から

$$v_p = \sqrt{2 \times 3.986004 \times 10^5 \times \left(\frac{1}{6378.137 + 200} - \frac{1}{2 \times 6378.137 + 200 + 35786}\right)}$$
$$\cong 10.239\ \mathrm{km/s}$$

$$v_a = \sqrt{2 \times 3.986004 \times 10^5 \times \left(\frac{1}{6378.137 + 35786} - \frac{1}{2 \times 6378.137 + 200 + 35786}\right)}$$
$$\cong 1.597\ \mathrm{km/s}$$

と得られる. ここからわかるように, 遠地点での速度は近地点での値の15.6% まで減少していて, この違いは地球の引力に打ち勝つために使われたと考えられる.

---

1) 中心星が地球であるときは**近地点**, **遠地点**, 木星ならば**近木点**, **遠木点**などと呼ぶ.

次に，楕円軌道を運動する宇宙機や惑星の公転周期 T を求めてみよう．このときは，公転周期 $=\dfrac{\text{楕円の面積}}{\text{面積速度}}$ から計算することができる．すなわち，楕円の面積は πab であり，面積速度は単位質量あたりの角運動量 h の $\dfrac{1}{2}$ 倍であるから，(2.13)式と(1.8)式および(1.11)式を使って

$$T=\frac{\pi ab}{\dfrac{h}{2}}=\frac{2\pi ab}{\sqrt{\mu l}}=\frac{2\pi a\sqrt{a^2-c^2}}{\sqrt{\mu\dfrac{a^2-c^2}{a}}}$$

つまり，

$$T=2\pi\sqrt{\frac{a^3}{\mu}} \tag{2.22a}$$

と得られる．ここから，“公転周期の２乗は半長軸の３乗に比例する”ということが示され，これを**ケプラーの第３法則**という．この式を近心点距離 r_p と遠心点距離 r_a を使う形式に書き改めるには，$a=\dfrac{r_p+r_a}{2}$ を代入すればよく，

$$T=\pi\sqrt{\frac{(r_p+r_a)^3}{2\mu}} \tag{2.22b}$$

となる．

例として，人工衛星を静止軌道へ投入するときの静止遷移軌道と同じ近地点高度と遠地点高度をもつ楕円軌道の公転周期を計算してみよう(図2.3)．近地点高度は200 km，遠地点高度は35786 km であるから，これらの値を(2.22b)式へ代入してみると

$$T=3.14159\times\sqrt{\frac{(2\times6378.137+200+35786)^3}{2\times3.986004\times10^5}}\cong 10\text{時間}\,31\text{分}\,4\text{秒}$$

と求められる．したがって，静止遷移軌道はこの楕円軌道の半周分になるから，静止遷移軌道での飛行時間 t_f は

$$t_f=\frac{T}{2}\cong 5\text{時間}\,15\text{分}\,32\text{秒}$$

と計算できる．

実際，静止衛星の打ち上げでは，射場から高度200 km の低軌道までの飛

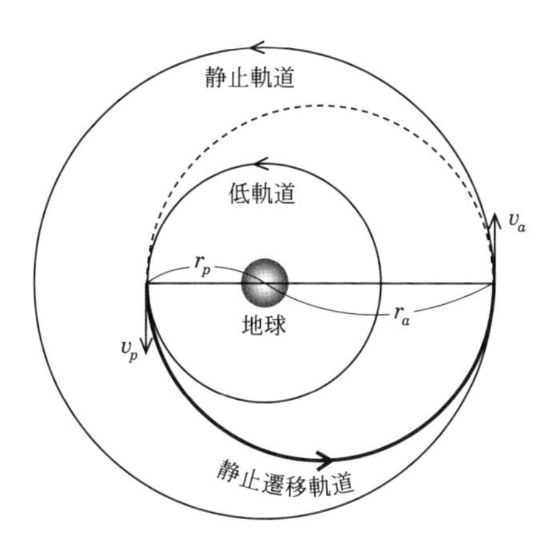

図 2.3　静止遷移軌道

行時間と，低軌道から静止遷移軌道投入までの待機時間などの和，約 30 分が加わるため，静止軌道までの所要時間は最短でも 6 時間程度となる[2)].

2.4　円軌道

円軌道は楕円軌道の特別な場合であるから，円軌道での宇宙機の速度 v_c は，(2.21a)式で $a=r$ と置くことから求まり，

$$v_c=\sqrt{\frac{\mu}{r}} \tag{2.23}$$

となる．これを**円速度**と呼び，動径 r の増加にともなって減少することがわかる．したがって，地球を周回する人工衛星では，地表で最も速いということであるから，この値を求めてみよう．それには(2.23)式へ地球の重力定数 $\mu=3.986004\times10^5\ \mathrm{km^3/s^2}$，地球の赤道半径 $r=6378.137\ \mathrm{km}$ を代入すればよく，

$$v_c=\sqrt{\frac{3.986004\times10^5}{6378.137}}\cong 7.905\ \mathrm{km/s}$$

と得られる．これは，人工衛星が起伏のないつるつるの地表をすれすれに運

2）実際の打ち上げ状況については，pp. 043〜044 を参照.

動するとしたときの円速度である．実際には，地表面には起伏があるためにこのような運動は不可能であるが，人工衛星を打ち上げるときの一つの目安となる値になる．これを**第1宇宙速度**と呼んでいる．

地球は，実際には大気に覆われており，上空へ行くにしたがって次第に希薄になっているが，それでも人工衛星を打ち上げるときの最低の軌道高度は 200 km あたりが限界となる．この高度の円軌道は，人工衛星をそのあとにつづく静止遷移軌道へ投入するときや，惑星探査機を双曲線軌道へ投入するときなどの**パーキング軌道**[3]として利用することが多い．そこで，ここでの円速度を計算してみると，(2.23)式から

$$v_c = \sqrt{\frac{3.986004 \times 10^5}{6378.137 + 200}} \cong 7.784 \text{ km/s}$$

と得られる．

また，静止衛星の円速度は，その軌道高度が 35786 km の円軌道であるので

$$v_c = \sqrt{\frac{3.986004 \times 10^5}{6378.137 + 35786}} \cong 3.075 \text{ km/s}$$

となる．

これらの値から，前にも述べたように，軌道高度が増すと速度が減少することを実感できるであろう．

次に，円軌道を周回する人工衛星の公転周期 T_c を求めよう．$a = r$ であるから，これを(2.22a)式に代入して

$$T_c = 2\pi\sqrt{\frac{r^3}{\mu}} \tag{2.24}$$

と得られる．ここから，軌道高度が増すと公転周期は増加することが読みとれる．そこで，高度 200 km での公転周期を計算してみると

$$T_c = 2 \times 3.14159 \times \sqrt{\frac{(6378.137 + 200)^3}{3.986004 \times 10^5}} \cong 1\text{ 時間 } 28\text{ 分 } 30\text{ 秒}$$

となり，ほぼ1時間半で地球を1周することがわかる．

また，静止軌道での公転周期は

$$T_c = 2\times3.14159\times\sqrt{\frac{(6378.137+35786)^3}{3.986004\times10^5}} \cong 23\text{時間}56\text{分}4\text{秒}$$

と得られて，地球の自転周期約24時間(正確には1**恒星日**[4]で，23時間56分4秒)と一致していることがわかる．したがって，静止衛星は，地表からはいつも同じ場所に静止しているように見えるのである．

2.5　放物線軌道

これは，昔から太陽を回る彗星のたどる軌道としてよく知られている．放物線は楕円を細長く引き伸ばしたときの極限とみることができるので，動径 r での速度 v_e は(2.21a)式で $a\to\infty$ とすることにより求まり，

$$v_e = \sqrt{\frac{2\mu}{r}} \qquad (2.25)$$

である．

ここで，放物線に沿って運動する宇宙機の単位質量あたりの力学的エネルギー ε を計算してみよう．それは運動エネルギーと万有引力の位置エネルギーの和として与えられるから，(2.25)式を(2.9b)式へ代入し

$$\varepsilon = \frac{1}{2}v_e^2 - \frac{\mu}{r} = \frac{1}{2}\cdot\frac{2\mu}{r} - \frac{\mu}{r} = 0$$

となる．ここから，中心星の引力がおよばなくなる無限遠方の位置 $(r\to\infty)$ での宇宙機の速度はゼロ，つまり中心星に対して相対的に静止することを示している．これは，例えば，惑星探査機を速度 v_e で打ち出したとすると，それは地球の**影響圏**[5]脱出後その近傍に留まり，地球とともに太陽を公転することを意味する．このように，中心星からの支配を完全に振り切るための最小速度との意味合いから，v_e を**脱出速度**とか**第2宇宙速度**と呼んでいる．

(2.25)式に(2.23)式を考慮すれば

$$v_e = \sqrt{2}\,v_c \qquad (2.26)$$

と表すことができるから，これより例えば地球表面上での脱出速度を計算し

3) パーキング軌道とは，宇宙機が次の行動へ移行するまでの短時間だけ留まる低軌道をいう．
4) 恒星日とは，地球がその自転軸のまわりを恒星に対して1回転する時間をいう．
5) 影響圏とは，惑星と太陽の引力が拮抗する地点までの惑星を中心とする範囲をいう．したがって，影響圏内では，人工衛星や惑星探査機などの運動は太陽の引力を無視して考える．p.128を参照．

てみると

$$v_e = \sqrt{2} \times 7.905 \cong 11.180 \text{ km/s}$$

という値になる．

このように，惑星探査機がほかの天体に到達できるためには，この値より少々大きめの速度で打ち出さなければならないのである．

2.6　双曲線軌道

地球から金星や火星など，ほかの天体に向けて宇宙機を打ち出すとき，その地球の影響圏内での脱出軌道は双曲線になる．この場合，宇宙機の動径 r での速度 v は，(2.20)式を(2.9b)式に代入して v について解くことから求まり，

$$v = \sqrt{\mu\left(\frac{2}{r} + \frac{1}{a}\right)} \tag{2.27}$$

である．双曲線軌道では近心点は存在するが，遠心点は存在しない．

(2.27)式であるが，ここで $a \to \infty$ としてみると $\frac{1}{a} \to 0$ となって(2.25)式に一致するから，双曲線軌道はその極限で放物線軌道になることがわかる．

次に，(2.27)式で $r \to \infty$ とするときの意味を考えてみよう．これは中心星の中心からの距離が無限の遠方であることを表すが，そこでは中心星の引力がゼロ，つまり中心星からの束縛から離脱する位置ということを示している．この位置で宇宙機はゼロでないある有限な速度 v_∞ をもつことになり，それは(2.27)式から

$$v_\infty = \sqrt{\frac{\mu}{a}} \tag{2.28}$$

と求められる．これにより，宇宙機はほかの天体に到達することが可能になるのである．この速度は惑星間飛行を決定づける重要なもので，これを**双曲線余剰速度**という．実際の惑星間軌道の設計にはこの値を 2 乗した

$$C_3 = v_\infty^2 \tag{2.29}$$

を使い，**打ち上げエネルギー**と呼んでいる．C_3 の値は，5.5 節で述べるよう

に，打ち上げロケットが惑星間に放出できる質量(これを**ペイロード**という)を見積もる重要な指標となる．

話を戻して，(2.27)式と(2.28)式を組み合わせると

$$v = \sqrt{\frac{2\mu}{r} + v_\infty^2} \tag{2.30}$$

が得られて，双曲線余剰速度 v_∞ と，動径 r における速度 v との関係式が得られる．

ここでは，双曲線軌道で地球の影響圏を脱出した例として，アメリカのNASA/JPL[6]が2011年8月5日に打ち上げた木星探査機ジュノーについて，打ち上げから地球の影響圏脱出に至るまでの飛行について，少し検討してみよう(図5.3参照)．

脱出双曲線軌道の公表された値は，半交軸が $a = 12816.733$ km，近地点高度が260.9 kmであるから，(2.27)式を使って近地点での速度 v_p は

$$v_p = \sqrt{3.986004 \times 10^5 \times \left(\frac{2}{6378.137 + 260.9} + \frac{1}{12816.733}\right)} \cong 12.295 \text{ km/s}$$

と求まる．この値は，同じ近地点高度での脱出速度を(2.25)式から計算してみると

$$v_e = \sqrt{\frac{2 \times 3.986004 \times 10^5}{6378.137 + 260.9}} \cong 10.958 \text{ km/s}$$

となって，明らかに脱出速度を超えていることがわかる．

また，このときの双曲線余剰速度 v_∞ は，(2.28)式より

$$v_\infty = \sqrt{\frac{3.986004 \times 10^5}{12816.733}} \cong 5.577 \text{ km/s}$$

となるから，打ち上げエネルギー C_3 は，(2.29)式より

$$C_3 = 5.577^2 \cong 31.10 \text{ km}^2/\text{s}^2$$

と得られる．

第2の例として，探査機が太陽系から脱出できるための地表での速度を計算してみよう．まず，太陽からの脱出速度を計算するのであるが，それには

6) アメリカ航空宇宙局／ジェット推進研究所(National Aeronautics and Space Administration/Jet Propulsion Laboratory)，p. 113を参照．

(2.25)式に太陽の重力定数 $\mu = 1.3271244 \times 10^{11}\ \mathrm{km^3/s^2}$ と太陽—地球間距離 $r = 1.4959787 \times 10^8\ \mathrm{km}$ を代入して

$$v_e = \sqrt{\frac{2 \times 1.3271244 \times 10^{11}}{1.4959787 \times 10^8}} \cong 42.122\ \mathrm{km/s}$$

と得られる．そこで，探査機を地球の公転軌道に接するように打ち出すとすると，地球の公転速度は平均で 29.784 km/s であるから，双曲線余剰速度は

$$v_\infty = 42.122 - 29.784 = 12.338\ \mathrm{km/s}$$

となる．したがって，地表から打ち出すときの速度 v は，(2.30)式より

$$v = \sqrt{\frac{2 \times 3.986004 \times 10^5}{6378.137 + 0} + 12.338^2} \cong 16.650\ \mathrm{km/s}$$

と求められる．この値は**第 3 宇宙速度**と呼ばれて，地表からただちに太陽系を脱出するときの最小速度を表している．

NASA が探査機打ち上げに際して利用しているパーキング軌道高度は 185 km の円軌道であるが，この高度での第 3 宇宙速度を計算してみると

$$v = \sqrt{\frac{2 \times 3.986004 \times 10^5}{6378.137 + 185} + 12.338^2} \cong 16.544\ \mathrm{km/s}$$

となる．

2006 年 1 月 19 日に，NASA/JHU-APL/SwRI[7)] が打ち上げた冥王星探査機ニューホライズンズ(6.3 節参照)では，これまでに打ち上げた惑星探査機の中で最速での軌道投入ということであったが，その値は高度 185 km に換算して 16.777 km/s であった．これは，明らかに第 3 宇宙速度を上回っていることから，冥王星の探査のあとは太陽系外縁部に群がるカイパーベルト天体の探査に向けられていることが推察できる．

2.7 飛行時間

ここでは，楕円軌道または双曲線軌道を描きながら運動する宇宙機の飛行時間を求めてみよう．両軌道の極方程式は(2.13)式と(2.15)式から

$$r = \frac{\frac{h^2}{\mu}}{1+e\cos\theta} \tag{2.31}$$

と表されるが，いずれも近心点で評価するとしたとき $\theta = 0°$ で $r = r_p$ であるので，(2.31)式より

$$r_p = \frac{\frac{h^2}{\mu}}{1+e}.$$

ゆえに，

$$h^2 = \mu r_p(1+e) \tag{2.32}$$

である．したがって，これを(2.31)式へ代入すれば

$$r = \frac{r_p(1+e)}{1+e\cos\theta} \tag{2.33}$$

となり，近心点を基準としたときの軌道の極方程式が得られる．

飛行時間を求めるための式は，(2.8)式を $dt = \frac{r^2}{h}d\theta$ と変形し，これに(2.32)式と(2.33)式を利用すれば

$$dt = \frac{\sqrt{\{r_p(1+e)\}^3}}{\sqrt{\mu}\,(1+e\cos\theta)^2}d\theta$$

となる．したがって，近心点から軌道に沿った任意点までの飛行時間 t_f は，上式を積分して

$$t_f = \sqrt{\frac{\{r_p(1+e)\}^3}{\mu}}\int_0^\theta \frac{d\theta}{(1+e\cos\theta)^2} \tag{2.34}$$

より得られる．

そこで，次のような微分を考えてみると

$$\frac{d}{d\theta}\left(\frac{e\sin\theta}{1+e\cos\theta}\right) = \frac{e^2-1}{(1+e\cos\theta)^2} + \frac{1}{1+e\cos\theta}$$

となるから，これより(2.34)式の被積分関数は

$$\frac{1}{(1+e\cos\theta)^2} = \frac{1}{e^2-1}\left\{\frac{d}{d\theta}\left(\frac{e\sin\theta}{1+e\cos\theta}\right) - \frac{1}{1+e\cos\theta}\right\}$$

と表される．

---

7) アメリカ航空宇宙局／ジョンズ・ホプキンス大学応用物理学研究所／サウスウエスト研究所(National Aeronautics and Space Administration/Johns Hopkins University Applied Physics Laboratory/Southwest Research Institute).

しかるに，この式を(2.34)式へ代入すれば，それは

$$t_f = \sqrt{\frac{\{r_p(1+e)\}^3}{\mu}} \cdot \frac{1}{e^2-1}\left(\frac{e\sin\theta}{1+e\cos\theta} - \int_0^\theta \frac{d\theta}{1+e\cos\theta}\right)$$

$$= \sqrt{\frac{r_p^3(1+e)}{\mu(e-1)^2}}\left(\frac{e\sin\theta}{1+e\cos\theta} - \int_0^\theta \frac{d\theta}{1+e\cos\theta}\right) \tag{2.35}$$

と表される．

ここで，楕円軌道ならば $r_p = a(1-e)$ であるから

$$\sqrt{\frac{r_p^3(1+e)}{\mu(e-1)^2}} = -\sqrt{\frac{a^3(1-e^2)}{\mu}} \tag{2.36}$$

であり，双曲線軌道であれば $r_p = a(e-1)$ であるので

$$\sqrt{\frac{r_p^3(1+e)}{\mu(e-1)^2}} = \sqrt{\frac{a^3(e^2-1)}{\mu}} \tag{2.37}$$

である．

また，$I \equiv \int_0^\theta \frac{d\theta}{1+e\cos\theta}$ とするとき，$\tan\frac{\theta}{2} = u$ と置けば，$\sec^2\frac{\theta}{2} = 1+u^2$ であるから $\cos^2\frac{\theta}{2} = \frac{1}{1+u^2}$ となって，

$$\cos\theta = 2\cos^2\frac{\theta}{2} - 1 = \frac{2}{1+u^2} - 1 = \frac{1-u^2}{1+u^2}$$

と表される．これより

$$1+e\cos\theta = 1+e\frac{1-u^2}{1+u^2} = \begin{cases} \dfrac{1+e+(1-e)u^2}{1+u^2} & (0 < e < 1：楕円) \\ \dfrac{e+1-(e-1)u^2}{1+u^2} & (e > 1：双曲線) \end{cases} \tag{2.38}$$

と書けることになる．

さらに，$\frac{1}{2}\sec^2\frac{\theta}{2}d\theta = du$ から $d\theta = \frac{2}{\sec^2\frac{\theta}{2}}du = \frac{2}{1+u^2}du$ であり，積分区間は $\theta：0 \to \theta$ から $u：0 \to \tan\frac{\theta}{2}$ となる．

したがって，楕円軌道のとき，(2.38)式から

$$I=\int_0^{\tan\frac{\theta}{2}}\frac{1+u^2}{1+e+(1-e)u^2}\cdot\frac{2}{1+u^2}du=2\int_0^{\tan\frac{\theta}{2}}\frac{du}{1+e+(1-e)u^2} \tag{2.39}$$

となるので，ここで $u=\sqrt{\dfrac{1+e}{1-e}}\tan\beta$ と置けば，$du=\sqrt{\dfrac{1+e}{1-e}}\sec^2\beta d\beta$ で，積分区間は $u:0\to\tan\dfrac{\theta}{2}$ から $\beta:0\to\alpha$（ただし，$\alpha=\tan^{-1}\left(\sqrt{\dfrac{1-e}{1+e}}\tan\dfrac{\theta}{2}\right)$）となる．しかるに，(2.39)式は積分されて

$$\begin{aligned}I&=2\int_0^{\alpha}\frac{1}{(1+e)(1+\tan^2\beta)}\sqrt{\frac{1+e}{1-e}}\sec^2\beta d\beta=\frac{2}{\sqrt{1-e^2}}\int_0^{\alpha}d\beta=\frac{2\alpha}{\sqrt{1-e^2}}\\&=\frac{2}{\sqrt{1-e^2}}\tan^{-1}\left(\sqrt{\frac{1-e}{1+e}}\tan\frac{\theta}{2}\right)\end{aligned} \tag{2.40}$$

となる．

また，双曲線軌道のときは，(2.38)式から

$$\begin{aligned}I&=\int_0^{\tan\frac{\theta}{2}}\frac{1+u^2}{e+1-(e-1)u^2}\cdot\frac{2}{1+u^2}du\\&=2\int_0^{\tan\frac{\theta}{2}}\frac{du}{(\sqrt{e+1}-\sqrt{e-1}u)(\sqrt{e+1}+\sqrt{e-1}u)}\\&=\frac{1}{\sqrt{e+1}}\int_0^{\tan\frac{\theta}{2}}\left(\frac{1}{\sqrt{e+1}-\sqrt{e-1}u}+\frac{1}{\sqrt{e+1}+\sqrt{e-1}u}\right)du\\&=\frac{1}{\sqrt{e+1}}\left[-\frac{1}{\sqrt{e-1}}\ln(\sqrt{e+1}-\sqrt{e-1}u)\right.\\&\qquad\left.+\frac{1}{\sqrt{e-1}}\ln(\sqrt{e+1}+\sqrt{e-1}u)\right]_0^{\tan\frac{\theta}{2}}\\&=\frac{1}{\sqrt{e^2-1}}\ln\left(\frac{\sqrt{e+1}+\sqrt{e-1}\tan\frac{\theta}{2}}{\sqrt{e+1}-\sqrt{e-1}\tan\frac{\theta}{2}}\right)\end{aligned} \tag{2.41}$$

と積分される．

よって，(2.36)式と(2.40)式を，また(2.37)式と(2.41)式をそれぞれ(2.35)式へ代入して，飛行時間 t_f は

$$\text{楕円軌道：}t_f=\sqrt{\frac{a^3}{\mu}}\left\{2\tan^{-1}\left(\sqrt{\frac{1-e}{1+e}}\tan\frac{\theta}{2}\right)-\frac{e\sqrt{1-e^2}\sin\theta}{1+e\cos\theta}\right\} \tag{2.42}$$

$$\text{双曲線軌道：}t_f=\sqrt{\frac{a^3}{\mu}}\left\{\frac{e\sqrt{e^2-1}\sin\theta}{1+e\cos\theta}-\ln\left(\frac{\sqrt{e+1}+\sqrt{e-1}\tan\dfrac{\theta}{2}}{\sqrt{e+1}-\sqrt{e-1}\tan\dfrac{\theta}{2}}\right)\right\} \tag{2.43}$$

と求められる．

楕円軌道の場合，それを 1 周するときは $\theta=2\pi$ となるから，この値を(2. 42)へ代入すると

$$t_f=\sqrt{\frac{a^3}{\mu}}\left\{2\tan^{-1}\left(\sqrt{\frac{1-e}{1+e}}\tan\pi\right)-\frac{e\sqrt{1-e^2}\sin 2\pi}{1+e\cos 2\pi}\right\}$$

$$=\sqrt{\frac{a^3}{\mu}}(2\tan^{-1}0-0)=2\pi\sqrt{\frac{a^3}{\mu}}$$

となって，(2. 22a)式に一致するのが見られる．つまり，楕円軌道での公転周期になる．

双曲線軌道の場合は，惑星の影響圏半径から(2. 33)式を使って脱出点までの真近点離角 θ を求め，それを(2. 43)式へ代入すれば，近心点から影響圏脱出までの飛行時間が得られる．

例として，木星探査機ジュノーの地球の影響圏脱出までの飛行時間を求めてみよう．公表された脱出双曲線軌道の半交軸は $a=12816.733$ km，離心率は $e=1.5180$，近地点高度は 260.9 km であり，また地球の影響圏半径は付録 B から 9.29×10^5 km である．したがって，これらの値から，まず真近点離角 θ を求めよう．それには(2. 33)式から

$$\cos\theta=\frac{1}{e}\left\{\frac{r_p(1+e)}{r}-1\right\} \tag{2.44}$$

を得るから，これに数値を代入して

$$\cos\theta=\frac{1}{1.5180}\times\left\{\frac{(6378.137+260.9)\times(1+1.5180)}{9.29\times10^5}-1\right\}$$

$$\cong -0.6469.$$

ゆえに，

$$\theta = \cos^{-1}(-0.6469) \cong 130.31^\circ$$

と求められる．したがって，近地点から脱出点までの飛行時間は(2.43)式より

$$t_f = \sqrt{\frac{12816.733^3}{398600.4}}\left\{\frac{1.5180\sqrt{1.5180^2-1}\sin 130.31^\circ}{1+1.5180\cos 130.31^\circ}\right.$$
$$\left. -\ln\left(\frac{\sqrt{1.5180+1}+\sqrt{1.5180-1}\tan\dfrac{130.31^\circ}{2}}{\sqrt{1.5180+1}-\sqrt{1.5180-1}\tan\dfrac{130.31^\circ}{2}}\right)\right\}$$

$\cong$ 44 時間 2 分 35 秒

となる．打ち上げからパーキング軌道に至るまでと，そこから脱出のための加速までの所要時間は合計でおよそ 54 分であるから，全体で約 45 時間，つまり 1 日と 21 時間を要することがわかる．

2.8　ケプラー方程式

前節では，宇宙機の近心点からの飛行時間を計算する式を導いたが，ここでは目標時刻での宇宙機や天体の中心星からの距離を推算するための要となる方程式を求めておく．それに当たって，とくに宇宙機や天体の描く楕円軌道に着目し，(2.42)式について検討を加えることにする．

まず(2.42)式で，右辺中括弧内の第 1 項であるが，任意の角 E を導入して

$$\tan\frac{\theta}{2} = \sqrt{\frac{1+e}{1-e}}\tan\frac{E}{2} \tag{2.45}$$

と置いてみる．すると，第 1 項は単に E と書けるのみとなる．(2.45)式は真近点離角 θ と角 E の関係を与える式と見ることができ，角 E は**離心近点離角**と呼ばれる．その幾何学的な意味は，図 2.4 に示す原点 O に対する中心角となる．

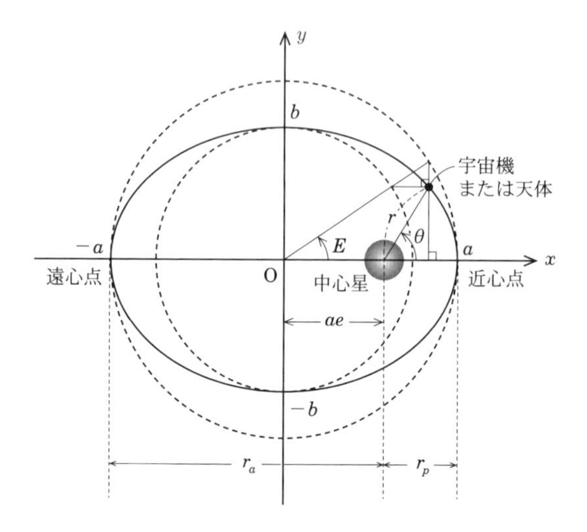

図 2.4 真近点離角と離心近点離角

次に第２項であるが，これを E による表示へ書き換えなければならないが，それには

$$\tan\frac{E}{2}=\frac{\sin\dfrac{E}{2}}{\cos\dfrac{E}{2}}=\frac{2\sin\dfrac{E}{2}\cos\dfrac{E}{2}}{2\cos^2\dfrac{E}{2}}=\frac{\sin E}{1+\cos E}$$

の関係が使える．これより

$$\sin\theta=2\sin\frac{\theta}{2}\cos\frac{\theta}{2}=2\tan\frac{\theta}{2}\cos^2\frac{\theta}{2}=\frac{2\tan\dfrac{\theta}{2}}{1+\tan^2\dfrac{\theta}{2}}$$

$$=\frac{2\sqrt{\dfrac{1+e}{1-e}}\tan\dfrac{E}{2}}{1+\left(\sqrt{\dfrac{1+e}{1-e}}\tan\dfrac{E}{2}\right)^2}=\frac{2\sqrt{\dfrac{1+e}{1-e}}\cdot\dfrac{\sin E}{1+\cos E}}{1+\left(\sqrt{\dfrac{1+e}{1-e}}\cdot\dfrac{\sin E}{1+\cos E}\right)^2}$$

$$=\frac{2\sqrt{1-e^2}\sin E(1+\cos E)}{(1-e)(1+\cos E)^2+(1+e)(1-\cos^2 E)}=\frac{\sqrt{1-e^2}\sin E}{1-e\cos E},$$

つまり

$$\sin\theta=\frac{\sqrt{1-e^2}\sin E}{1-e\cos E} \tag{2.46}$$

また，

$$\cos\theta=2\cos^2\frac{\theta}{2}-1=\frac{2}{1+\tan^2\frac{\theta}{2}}-1=\frac{1-\tan^2\frac{\theta}{2}}{1+\tan^2\frac{\theta}{2}}$$

$$=\frac{1-\left(\sqrt{\frac{1+e}{1-e}}\tan\frac{E}{2}\right)^2}{1+\left(\sqrt{\frac{1+e}{1-e}}\tan\frac{E}{2}\right)^2}=\frac{1-\left(\sqrt{\frac{1+e}{1-e}}\cdot\frac{\sin E}{1+\cos E}\right)^2}{1+\left(\sqrt{\frac{1+e}{1-e}}\cdot\frac{\sin E}{1+\cos E}\right)^2}$$

$$=\frac{(1-e)(1+\cos E)^2-(1+e)(1-\cos^2 E)}{(1-e)(1+\cos E)^2+(1+e)(1-\cos^2 E)}=\frac{\cos E-e}{1-e\cos E},$$

つまり

$$\cos\theta=\frac{\cos E-e}{1-e\cos E} \tag{2.47}$$

となるので，第2項は

$$\frac{e\sqrt{1-e^2}\sin\theta}{1+e\cos\theta}=\frac{e\sqrt{1-e^2}\cdot\frac{\sqrt{1-e^2}\sin E}{1-e\cos E}}{1+e\cdot\frac{\cos E-e}{1-e\cos E}}=e\sin E$$

と簡単な形式に書けることになる．したがって，(2.42)式は

$$t_f=\sqrt{\frac{a^3}{\mu}}(E-e\sin E) \tag{2.48}$$

と表される．ここで，任意時刻を t，**元期**[8]の時刻を t_0，**近心点通過時刻**を t_p とすると，$t_f=t-t_p=t-t_0+t_0-t_p$ であるから，新たに**平均近点離角** M を定義すれば，

$$M\equiv\sqrt{\frac{\mu}{a^3}}t_f=\sqrt{\frac{\mu}{a^3}}(t-t_p)=\sqrt{\frac{\mu}{a^3}}(t-t_0)+\sqrt{\frac{\mu}{a^3}}(t_0-t_p).$$

ゆえに，

8) 元期とは，宇宙機や天体などの軌道計算に使用する軌道要素(4.1節参照)を観測した日時を示す天文用語．通常は，西暦による年月日で表す．

$$M = \sqrt{\frac{\mu}{a^3}}(t-t_0)+M_0,\quad ただし\quad M_0 = \sqrt{\frac{\mu}{a^3}}(t_0-t_p) \tag{2.49}$$

と書ける．ここで，M_0 は元期の平均近点離角を表す．したがって，(2.49)式を使えば(2.48)式は

$$M = E-e\sin E \tag{2.50}$$

と綺麗な形式に表されて，これを**ケプラー方程式**という．この式は(2.49)式から M を知って E を求めるという使い方をするので，見掛けは単純であるが，簡単には解くことのできない超越方程式の一種である．したがって，この方程式を解くにはニュートン-ラフソン法などの反復計算法が必要になる．これについては，付録Eを参照されたい．

ケプラー方程式から求められた離心近点離角 E を基に，宇宙機や天体の中心星からの距離 r を与える式を導いておこう．それには(2.33)式に近心点距離 $r_p = a(1-e)$ と(2.47)式を代入すればよく，簡単な計算ののち

$$r = a(1-e\cos E) \tag{2.51}$$

と得られる．

なお，ケプラー方程式を利用した宇宙機や天体の位置や速度を推算する事例については，4.2節で述べることにする．

2.9 経路角

宇宙機が，軌道に沿って運動するとき，その速度ベクトルが動径方向に垂直な局所水平線に対してなす角 γ を**経路角**という(図2.5)．ここでは，この角 γ と真近点離角 θ の関係を求めてみよう．

まず速度の動径方向成分であるが，それは軌道方程式(2.15)式を時間 t で微分することにより求められる．すなわち，それは

$$\frac{dr}{dt} = \frac{d}{dt}\left(\frac{l}{1+e\cos\theta}\right) = \frac{e\sin\theta}{l}r^2\frac{d\theta}{dt}$$

であるから，これに(2.8)式と(2.13)式を使うと

$$\frac{dr}{dt} = \frac{e\sin\theta}{l}h = \sqrt{\frac{\mu}{l}}e\sin\theta \tag{2.52}$$

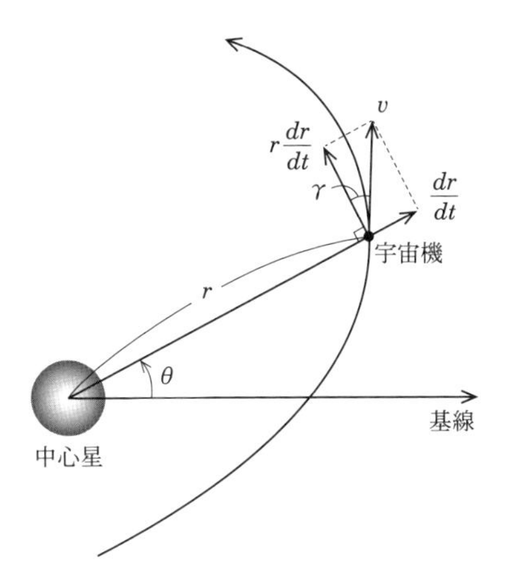

図 2.5　速度の各成分と経路角

と得られる．

また，動径方向に垂直な成分は，(2.8)式と(2.13)式，および(2.15)式から

$$r\frac{d\theta}{dt} = \frac{h}{r} = \sqrt{\mu l}\,\frac{1+e\cos\theta}{l} = \sqrt{\frac{\mu}{l}}\,(1+e\cos\theta) \tag{2.53}$$

と得られる．

したがって，(2.52)式と(2.53)式を用いて，経路角 γ は

$$\tan\gamma = \frac{\dfrac{dr}{dt}}{r\dfrac{d\theta}{dt}} = \frac{e\sin\theta}{1+e\cos\theta} \tag{2.54}$$

より求めることができる．経路角 γ は $-90^\circ \leqq \gamma \leqq 90^\circ$ の範囲の値をとり，円錐曲線の近心点で $\gamma = 0^\circ$，近心点から遠方へ遠ざかるときは正値で，また遠方から近心点へ近づくときには負値となる．

例として，木星探査機ジュノーが地球の影響圏を脱出するときの経路角を求めてみよう．このときの真近点離角は2.7節で $\theta = 130.31^\circ$ と得られているから，この値を(2.54)式に代入すれば

$$\tan\gamma = \frac{1.5180\sin 130.31^\circ}{1+1.5180\cos 130.31^\circ} \cong 64.412$$

となるので，これより

$$\gamma = \tan^{-1}(64.412) \cong 89.11^\circ$$

と求められる．

第3章

軌道遷移

赤道面内の低軌道に投入した人工衛星を静止軌道へ遷移する場合には軌道変更が，また，赤道面外の低軌道から衛星を静止軌道へ乗せようとするとき，軌道変更と同時に軌道面変更が必要になる．これら一連の動作を**軌道遷移**という．いずれの場合も，それに必要な燃料を搭載していかなければならないが，ロケットの打ち上げ能力によって衛星の質量は決まるので，燃料を最小にする軌道を選択することが重要になる．ここでは，軌道面内の円軌道間や楕円軌道間の軌道遷移，さらに軌道面の異なる円軌道間の遷移問題を考察する．

3.1 軌道面内の円軌道間の遷移

はじめ赤道面内の低軌道(例えば高度 250 km の円軌道)に投入した人工衛星を静止軌道へ送り込むという，同一軌道面内にある低高度の円軌道から高々度の円軌道へ軌道遷移するという問題を考えよう．この逆の問題も考えられるが，同様に考察することができるので，ここでは前者の場合だけについて述べるにとどめる．

同一軌道面内にある半径の異なる二つの同心円軌道の一方から他方へ軌道遷移するとき，必要とする速度増分を最小にする遷移軌道は，図 3.1 に示すような両円軌道に接する**遷移角**[1] 180° の楕円軌道の半周であることが，1925 年にウォルター・ホーマンによって証明された．この軌道を**ホーマン遷移軌道**と呼ぶ．2.3 節で述べた静止遷移軌道とは，この軌道にほかならない．

1) 遷移角とは，中心星を中心とする出発点と到着点の動径の間の角をいう．

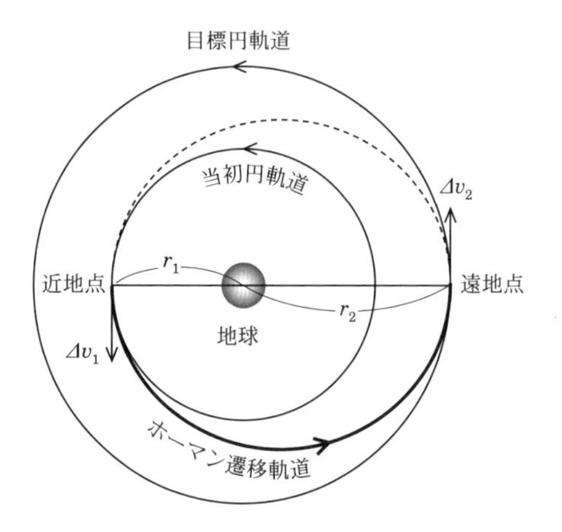

図 3.1 円軌道間の遷移

当初円軌道と目標円軌道の半径をそれぞれ r_1, r_2 とし(図 3.1)，地球の重力定数を μ とすると，当初円軌道と目標円軌道での円速度 v_1, v_2 は，(2.23)式よりそれぞれ

$$v_1 = \sqrt{\frac{\mu}{r_1}}, \qquad v_2 = \sqrt{\frac{\mu}{r_2}} \tag{3.1}$$

となる.

また，ホーマン遷移軌道の近地点距離と遠地点距離はそれぞれ r_1 と r_2 になるから，ホーマン遷移軌道の近地点および遠地点での速度 v_p, v_a は，それぞれ(2.21b)式より

$$v_p = \sqrt{2\mu\left(\frac{1}{r_1} - \frac{1}{r_1+r_2}\right)}, \qquad v_a = \sqrt{2\mu\left(\frac{1}{r_2} - \frac{1}{r_1+r_2}\right)} \tag{3.2}$$

となる.

したがって，当初円軌道からホーマン遷移軌道へ遷移するときの速度増分 Δv_1 とホーマン遷移軌道から目標円軌道へ遷移するときの速度増分 Δv_2 は，

$$\Delta v_1 = v_p - v_1 \tag{3.3}$$

$$\Delta v_2 = v_2 - v_a \tag{3.4}$$

より得られる．

いま，赤道面内の高度250 kmの円軌道(低軌道)にある人工衛星を，そこから静止軌道へ送り込むときの速度増分を計算してみよう．(3.1)式と(3.2)式に $\mu = 3.986004 \times 10^5 \text{ km}^3/\text{m}^2$，$r_1 = 6378.137 + 250 = 6628.137 \text{ km}$，$r_2 = 6378.137 + 35786 = 42164.137 \text{ km}$ を代入してみると

$$v_1 = \sqrt{\frac{3.986004 \times 10^5}{6628.137}} \cong 7.755 \text{ km/s}$$

$$v_2 = \sqrt{\frac{3.986004 \times 10^5}{42164.137}} \cong 3.075 \text{ km/s}$$

$$v_p = \sqrt{2 \times 3.986004 \times 10^5 \times \left(\frac{1}{6628.137} - \frac{1}{6628.137 + 42164.137}\right)}$$
$$\cong 10.195 \text{ km/s}$$

$$v_a = \sqrt{2 \times 3.986004 \times 10^5 \times \left(\frac{1}{42164.137} - \frac{1}{6628.137 + 42164.137}\right)}$$
$$\cong 1.603 \text{ km/s}$$

と得られ，またホーマン遷移軌道が静止遷移軌道(図2.3参照)であるから，軌道遷移に必要な速度増分 Δv_1 と Δv_2 は(3.3)式および(3.4)式より

$$\Delta v_1 = 10.195 - 7.755 = 2.440 \text{ km/s}$$

$$\Delta v_2 = 3.075 - 1.603 = 1.472 \text{ km/s}$$

と求められる．しかるに，全速度増分はこれらの和で3.912 km/sとなる．

3.2　軌道面内の楕円軌道間の遷移

図3.2に示すように，同一軌道面内にあり，焦点を同じくする内外の楕円軌道間の軌道遷移問題を考えよう．このとき軌道遷移に必要な速度増分が最小となるのは，内側楕円軌道の近地点と外側楕円軌道の遠地点とを結び，かつそれら近地点および遠地点で接するようなホーマン遷移軌道である．

楕円軌道の近地点距離と遠地点距離をそれぞれ内側のもので r_{1p}, r_{1a}，外側のもので r_{2p}, r_{2a} とすると，内側楕円軌道の近地点での速度 v_{1p} と外側楕円軌

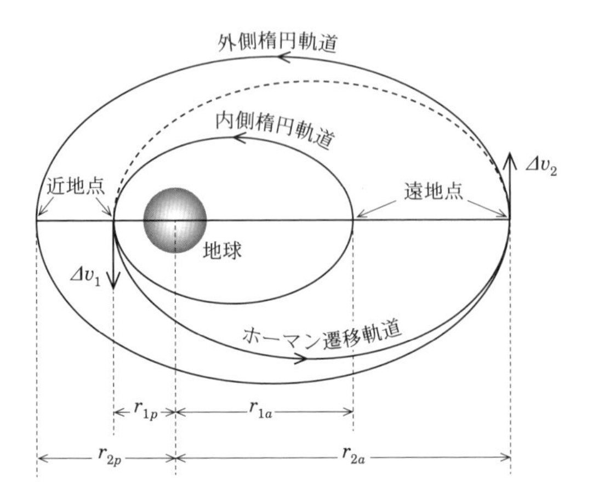

図 3.2 楕円軌道間の遷移

道の遠地点での速度 v_{2a} は，(2.21b)式よりそれぞれ

$$v_{1p} = \sqrt{2\mu\left(\frac{1}{r_{1p}} - \frac{1}{r_{1p}+r_{1a}}\right)}, \qquad v_{2a} = \sqrt{2\mu\left(\frac{1}{r_{2a}} - \frac{1}{r_{2p}+r_{2a}}\right)}$$

と表される．

また，ホーマン遷移軌道における近地点距離は r_{1p} で，また遠地点距離は r_{2a} であるから，近地点および遠地点での速度 v_p と v_a は，それぞれ(2.21b)式より

$$v_p = \sqrt{2\mu\left(\frac{1}{r_{1p}} - \frac{1}{r_{1p}+r_{2a}}\right)}, \qquad v_a = \sqrt{2\mu\left(\frac{1}{r_{2a}} - \frac{1}{r_{1p}+r_{2a}}\right)}$$

と書ける．

したがって，このとき近地点と遠地点で軌道遷移に必要な速度増分 Δv_1, Δv_2 は，それぞれ

$$\Delta v_1 = v_p - v_{1p} \tag{3.5}$$

$$\Delta v_2 = v_{2a} - v_a \tag{3.6}$$

となる．よって，このときの全速度増分 Δv_T は，(3.5)式と(3.6)式とから

$$\Delta v_T = \Delta v_1 + \Delta v_2 \tag{3.7}$$

となる.

3.3　軌道面の異なる円軌道間の遷移

最初に，異なる軌道面内にある半径の等しい円軌道間の軌道遷移問題を考えよう．この様子を図3.3に示すが，この場合には，両軌道の交線上で円速度ベクトルを交線を軸として回転することで目的が達成される．以下に，このために必要な速度増分を求めてみよう．

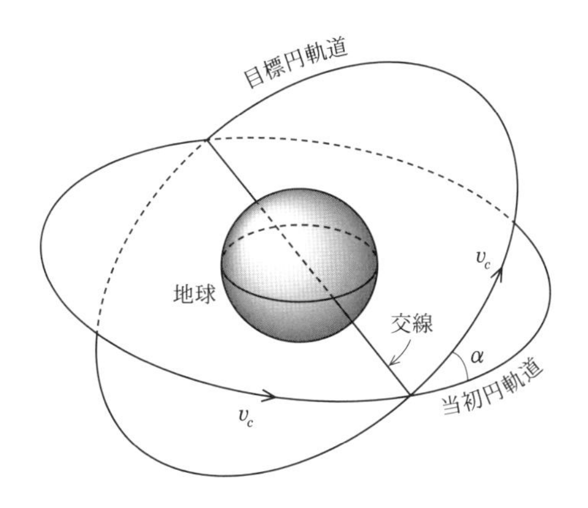

図3.3　円軌道の軌道面変更

いま，当初円軌道と目標円軌道の軌道面のなす角をαとし，当初円軌道と目標円軌道での円速度をいずれもv_cとしよう．このとき，軌道面変更に要する速度増分Δv_αは，図3.4を参照しながら

$$\Delta v_\alpha = 2v_c \sin\frac{\alpha}{2} \tag{3.8}$$

と得られ，また，増速する方向を当初円軌道の速度方向から角度σとすれば，図3.4より

$$\sigma = \frac{\pi+\alpha}{2} \tag{3.9}$$

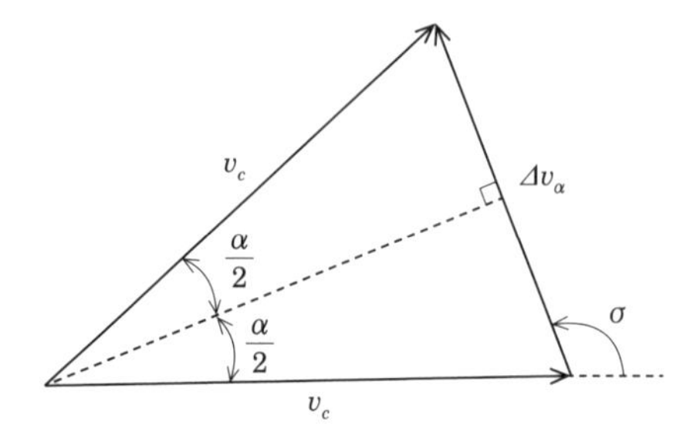

図 3.4 速度ベクトルの回転

と得られる．

次に，軌道面も半径も異なる円軌道間の軌道遷移問題を考えよう．これは赤道面以外の低軌道から静止軌道へ静止衛星を軌道投入するといったときに発生する問題である．図 3.5 にこの様子を示すが，当初円軌道から増速してホーマン遷移軌道に入り，その遠地点で再び増速して目標円軌道へ進入するという経路をたどる．当初円軌道と目標円軌道の半径をそれぞれ r_1, r_2 とすれば，各軌道での円速度 v_1, v_2 は，(3.1)式で与えられ

$$v_1 = \sqrt{\frac{\mu}{r_1}}, \qquad v_2 = \sqrt{\frac{\mu}{r_2}}$$

である．

また，ホーマン遷移軌道の近地点と遠地点の地心距離はそれぞれ r_1, r_2 となるから，近地点と遠地点での速度 v_p, v_a は(3.2)式で与えられて

$$v_p = \sqrt{2\mu\left(\frac{1}{r_1} - \frac{1}{r_1 + r_2}\right)}, \qquad v_a = \sqrt{2\mu\left(\frac{1}{r_2} - \frac{1}{r_1 + r_2}\right)}$$

である．

近地点と遠地点での 2 回の増速であるが，第 1 回目は軌道面の変更とホーマン遷移軌道への進入，また第 2 回目はさらなる軌道面変更と目標円軌道への進入という二つの機能を兼ね備えている．そこで，第 1 回目と第 2 回目の軌道面のなす角をそれぞれ α_1, α_2 とすると，第 1 回目と第 2 回目の速度増分

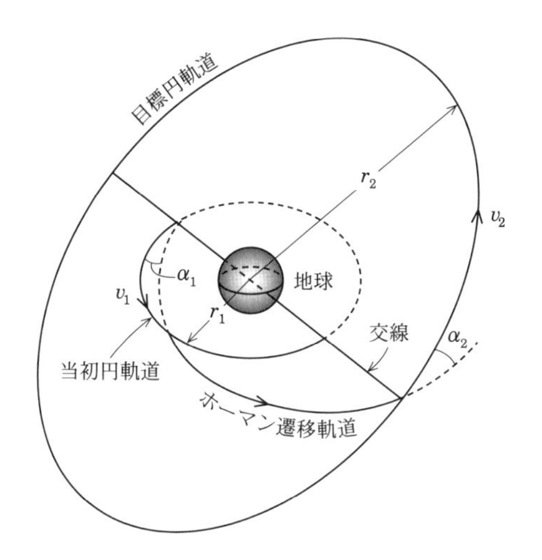

図 3.5　異なる軌道面と半径の円軌道間の軌道遷移

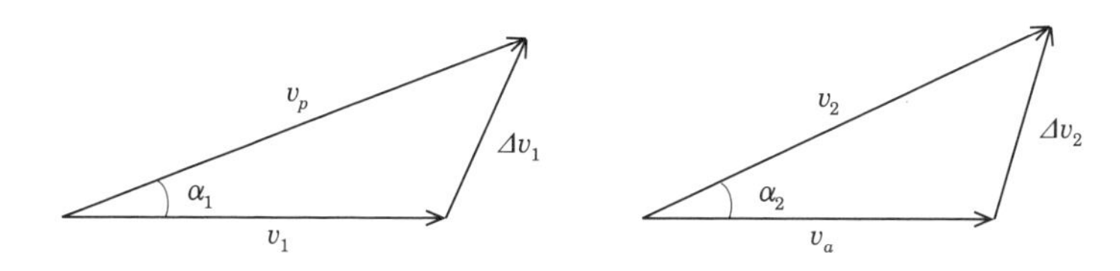

図 3.6　速度増分 $\Delta v_1, \Delta v_2$

$\Delta v_1, \Delta v_2$ は，図 3.6 を参照しながら余弦定理を使って

$$\Delta v_1 = \sqrt{v_p^2 + v_1^2 - 2v_p v_1 \cos\alpha_1} \tag{3.10}$$

$$\Delta v_2 = \sqrt{v_2^2 + v_a^2 - 2v_2 v_a \cos\alpha_2} \tag{3.11}$$

と表される．

したがって，全体としての速度増分 Δv_T は，

$$\Delta v_T = \Delta v_1 + \Delta v_2 \tag{3.12}$$

と得られる．

ここでは，赤道面外の低軌道(円軌道)から静止軌道へ人工衛星を投入する事例で計算してみよう．今度は2回の軌道面変更を含むから，計算がやや複

雑になる．第1回目の軌道面変更角 α_1 であるが，種子島宇宙センターから真東に打ち出すときの軌道面傾斜角は射場の緯度と同じになるから 30.4° となり，一方，静止遷移軌道の軌道面傾斜角は 28.3° に設定してあるので，結局，$\alpha_1 = 30.4° - 28.3° = 2.1°$ ということになる．また，前述のことから第2回目の軌道面変更角は，$\alpha_2 = 28.3°$ である[2)]．さらに，v_1, v_2 と v_p, v_a は 3.1 節で計算したものと同じであるから，第1回目と第2回目の速度増分 $\Delta v_1, \Delta v_2$ は，それぞれ(3.10)式と(3.11)式より

$$\Delta v_1 = \sqrt{10.195^2 + 7.755^2 - 2 \times 10.195 \times 7.755 \cos 2.1°} \cong 2.462 \text{ km/s}$$

$$\Delta v_2 = \sqrt{3.075^2 + 1.603^2 - 2 \times 3.075 \times 1.603 \cos 28.3°} \cong 1.829 \text{ km/s}$$

と得られる．したがって，全速度増分 Δv_T は，(3.12)式から

$$\Delta v_T = \Delta v_1 + \Delta v_2 = 2.462 + 1.829 = 4.291 \text{ km/s}$$

となる．ここから，3.1 節の赤道面内での軌道遷移の場合と比べると，この場合には 379 m/s の速度増加になっていることがわかる．

ここでは，人工衛星を静止遷移軌道から静止軌道へよどみなく軌道投入するとして話を進めてきた．実際の静止衛星の軌道投入では，図 3.7 に示すように，衛星を最終的な静止軌道よりも少し低めの**ドリフト軌道**[3)]へ投入し，

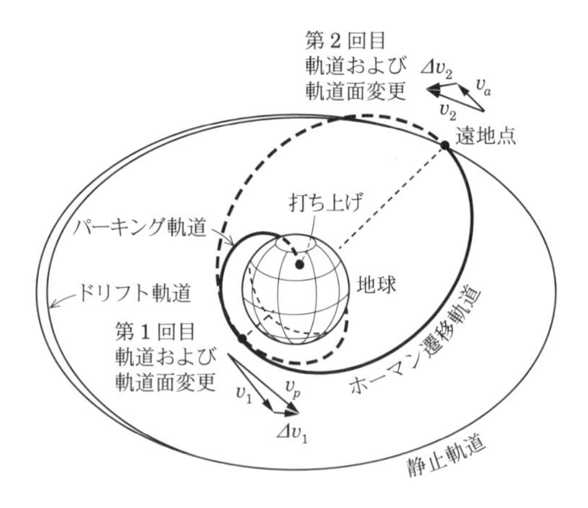

図 3.7　静止軌道投入までの一連の経過

数回の**アポジーエンジン**[4]の燃焼により中間軌道へ遷移させながら，10日間ほどかけて目標とする静止経度へ移動する飛行管制が行われて，静止衛星が誕生するのである．

2）α_1 と α_2 の値の定め方であるが，"$\alpha_1+\alpha_2=$ 全体の軌道面変更角" の関係から，Δv_T を α_1 の関数と見て，$\dfrac{\partial \Delta v_T}{\partial \alpha_1}=0$ より Δv_T が最小となる α_1 を求めて，決定する．

3）ドリフト軌道とは，最終的な静止軌道へ投入する前に，衛星の静止経度に合わせるべく漂流させながら軌道制御するための予備軌道をいう．

4）アポジーエンジンとは，約1t以上の人工衛星を静止遷移軌道から静止軌道へ軌道投入する目的で，衛星に搭載した小型の液体燃料ロケットエンジンを指していう．

第4章

軌道決定

宇宙空間における宇宙機や天体の軌道とそこでの位置を特定する手続きを，**軌道決定**という．ここでは，軌道要素が与えられたとき，そこから位置を決定する方法と，軌道投入点での軌道パラメーター(動径，速度，経路角)からその後の軌道を決定する方法について説明する．加えて，惑星間飛行の問題であらわれる二点境界値問題についても議論する．

4.1 座標系と軌道要素

4.1.1 座標系

宇宙機や天体などの空間的な位置を表示するには，基準となる座標が必要である．人工衛星の運動であれば，地球の中心を原点として，赤道面を基準面にとる．このとき，赤道面と(地球から見た太陽の運動面である)**黄道面**との交線を基準線にとり，向きは黄道上を太陽が南から北へ過ぎる点，つまり**春分点**の方向と定める．これを x 軸として，y 軸は赤道面内にあって，天の北極方向から見て x 軸に対して反時計回りに 90° 回転した向きとする．そして，z 軸は地球の自転軸に一致するようにとり，向きは天の北極方向と定める．この様子を図 4.1(a)に示すが，これを**地心赤道座標**という．

一方，惑星などの天体や惑星探査機の場合は，太陽の中心を原点として，基準面に黄道面を採用する．X 軸方向は春分点方向とするが，Y 軸は黄道面内にあって，天の北極側から見て X 軸に対して反時計回りに 90° 回転した向きとする．そして，Z 軸は黄道面に垂直に天の北極側を向くように定める．

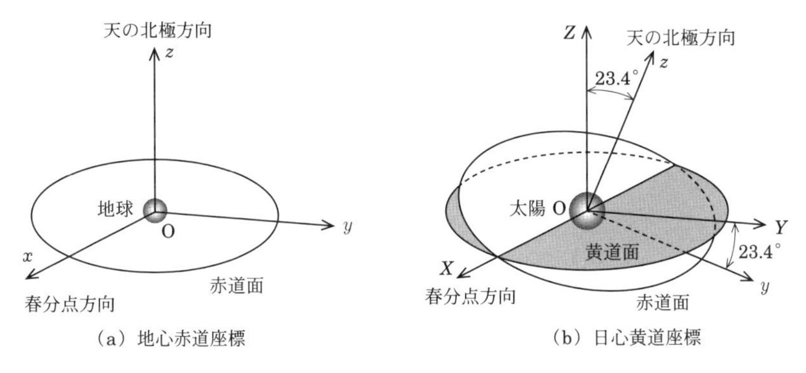

図 4.1　基準座標系

このように定義した座標系を**日心黄道座標**と呼ぶ(図 4.1(b)).

4.1.2 軌道要素

軌道の形状を指定する半長軸または半交軸 a および離心率 e, 軌道上の宇宙機の位置指定に必要な平均近点離角 M, さらに軌道面内の近心点方向を指定する**近心点引数** ω, 軌道の空間的配置を指定する**昇交点経度** Ω および**軌道**

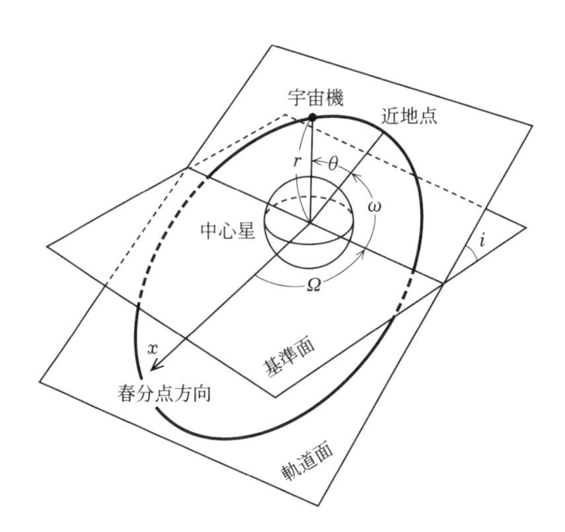

図 4.2　位置決定の要素

傾斜角 i の6個の定数を，**軌道要素**という．図4.2に ω, Ω, i の位置関係を示すが，これらの6要素がある元期に基づいて与えられたならば，宇宙機の空間的位置は一意に決定できることになる．

4.2　宇宙機や天体の位置決定

軌道上にある宇宙機や天体の位置を決定するには，その動径 r と真近点離角 θ を時間 t の関数として表示することが必要である．この問題には2.8節に述べた手法が適用できるので，まず人工衛星の場合で説明しておこう．

図4.3は，ロシアの通信衛星である**モルニヤ衛星**の軌道(**モルニヤ軌道**という)を示したものであるが，その軌道要素は元期を2015年3月26日21時23分27秒世界時(UTC：**協定世界時**[1])とするとき，半長軸：$a = 26552.305$

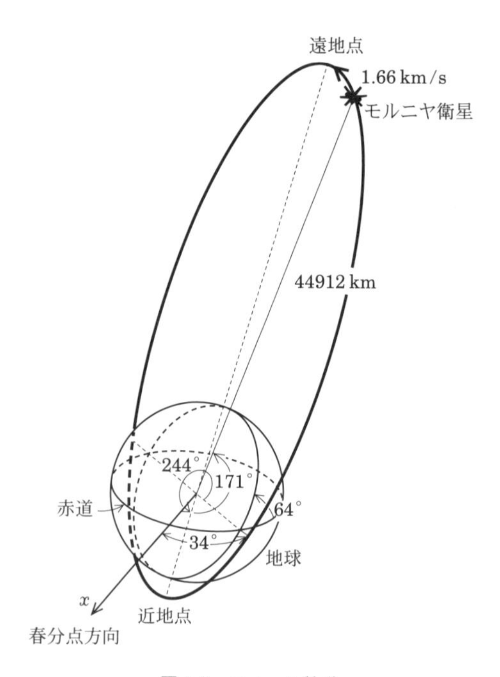

図4.3　モルニヤ軌道

km，離心率：$e=0.747411$，平均近点離角：$M_0=24.70°$，軌道傾斜角：$i=63.96°$，昇交点経度：$\Omega=33.79°$，近地点引数：$\omega=243.99°$である．このはじめの三つの値を使って，2015年5月20日9時00分00秒世界時(UTC)におる位置(r,θ)と速度vおよび経路角γを求めてみる．元期からの経過時間[2]は$t-t_0=4707393.045$秒であるから，(2.49)式から平均近点離角Mを求めて(2.50)式の反復計算(付録E参照)により離心近点離角を算出すると，$E=157.69°$と得られる．したがって，地心距離rは，(2.51)式から

$$r=26552.305\times(1-0.747411\cos157.69°)\cong44911.792\ \mathrm{km}$$

と求まる．さらに，真近点離角θは(2.45)式を解き直した

$$\theta=2\tan^{-1}\left(\sqrt{\frac{1+e}{1-e}}\tan\frac{E}{2}\right) \tag{4.1}$$

より

$$\theta=2\tan^{-1}\left(\sqrt{\frac{1+0.747411}{1-0.747411}}\tan\frac{157.69°}{2}\right)\cong171.42°$$

と求まる．これで軌道面内の位置が決まったことになる．

そして，この位置でのモルニヤ衛星の速度vは(2.21a)式より

$$v=\sqrt{3.986004\times10^5\times\left(\frac{2}{44911.792}-\frac{1}{26552.305}\right)}\cong1.655\ \mathrm{km/s}$$

と得られ，さらに経路角γは，(2.54)式を解き直した

$$\gamma=\tan^{-1}\left(\frac{e\sin\theta}{1+e\cos\theta}\right) \tag{4.2}$$

から

$$\gamma=\tan^{-1}\left(\frac{0.747411\sin171.42°}{1+0.747411\cos171.42°}\right)\cong23.14°$$

と求められる．

次に，惑星の位置(r,θ)と速度vおよび経路角γを求めてみよう．具体例として，ここでは冥王星探査機ニューホライズンズが地球を出発するときと，木星と冥王星に最接近するときの地球，木星，冥王星の位置および公転速度などを推算してみる．

---

1) グリニジ時のことを**世界時**と呼ぶが，原子時に基づく世界時のことを協定世界時という．詳細は文献[1]を参照．

2) 日数の計算には，付録Dにあるユリウス日を用いる．日数に86400秒を掛けて，秒単位での経過時間を求める．詳細は文献[1]を参照．

付録Bにあるように，太陽の重力定数は$\mu = 1.32712440 \times 10^{11}\ \mathrm{km^3/s^2}$，地球軌道の半長軸は$a = 1.4959787 \times 10^8\ \mathrm{km}$，離心率は$e = 0.01672$であり，元期を2003年7月1.0日とするときの平均近点離角は$M_0 = 175.647°$である．元期から出発時刻2006年1月19日19時00分世界時(UTC)までの日数は付録Dのユリウス日を用いて$t - t_0 = 933.791$日であるので，(2.49)式から平均近点離角を求めて(2.50)式の反復計算により離心近点離角を算出すると，$E = 16.268°$と得られる．したがって，地球の日心距離rは，(2.51)式から

$$r = 1.4959787 \times 10^8 \times (1 - 0.01672 \cos 16.268°) \cong 1.4720 \times 10^8\ \mathrm{km},$$

真近点離角θは，(4.1)式から

$$\theta = 2 \tan^{-1}\left(\sqrt{\frac{1+0.01672}{1-0.01672}} \tan \frac{16.268°}{2}\right) \cong 16.54°$$

と求まる．また，公転速度vは，(2.21a)式から

$$v = \sqrt{1.3271244 \times 10^{11} \times \left(\frac{2}{1.4720 \times 10^8} - \frac{1}{1.4959787 \times 10^8}\right)}$$

$$\cong 30.267\ \mathrm{km/s},$$

経路角γは，(4.2)式より

$$\gamma = \tan^{-1}\left(\frac{0.01672 \sin 16.54°}{1 + 0.01672 \cos 16.54°}\right) \cong 0.27°$$

と得られる．

つづいて，木星軌道の半長軸は$a = 7.783327 \times 10^8\ \mathrm{km}$，離心率は$e = 0.04829$で，元期を2003年7月1.0日とするときの平均近点離角は$M_0 = 126.078°$である．元期から最接近時刻2007年2月28日5時43分世界時(UTC)までの日数は$t - t_0 = 1338.239$日であるので，(2.49)式から平均近点離角を求めて(2.50)式より離心近点離角を算出すれば，$E = 234.955°$と得られる．したがって，木星の日心距離rは

$$r = 7.783327 \times 10^8 \times (1 - 0.04829 \cos 234.955°) \cong 7.9992 \times 10^8\ \mathrm{km},$$

真近点離角θは

$$\theta = 2\tan^{-1}\left(\sqrt{\frac{1+0.04829}{1-0.04829}}\tan\frac{234.955°}{2}\right) \cong 232.72°$$

と求まる．また，公転速度 v は

$$v = \sqrt{1.3271244\times10^{11}\times\left(\frac{2}{7.9992\times10^{8}}-\frac{1}{7.783327\times10^{8}}\right)} \cong 12.701\ \mathrm{km/s},$$

経路角 γ は

$$\gamma = \tan^{-1}\left(\frac{0.04829\sin 232.72°}{1+0.04829\cos 232.72°}\right) \cong -2.27°$$

となる．

最後に，冥王星での値を求めよう．冥王星軌道の半長軸は $a = 5.9135143\times10^{9}$ km，離心率は $e = 0.24847$ で，元期を 2003 年 7 月 1.0 日とするときの平均近点離角は $M_0 = 19.403°$ である．元期から最接近時刻 2015 年 7 月 14 日 11 時 49 分 57 秒世界時(UTC)までの日数は $t-t_0 = 4396.500$ 日であるから，(2. 49)式より平均近点離角を求めて(2. 50)式から離心近点離角を計算すると，$E = 47.301°$ と得られる．したがって，冥王星の日心距離 r は

$$r = 5.9135143\times10^{9}\times(1-0.24847\cos 47.301°) \cong 4.9171\times10^{9}\ \mathrm{km},$$

真近点離角 θ は

$$\theta = 2\tan^{-1}\left(\sqrt{\frac{1+0.24847}{1-0.24847}}\tan\frac{47.301°}{2}\right) \cong 58.89°$$

と求まる．また，公転速度 v は

$$v = \sqrt{1.3271244\times10^{11}\times\left(\frac{2}{4.9171\times10^{9}}-\frac{1}{5.9135143\times10^{9}}\right)} \cong 5.642\ \mathrm{km/s},$$

経路角 γ は

$$\gamma = \tan^{-1}\left(\frac{0.24847\sin 58.89°}{1+0.24847\cos 58.89°}\right) \cong 10.68°$$

と得られる．

4. 3　初期値からの軌道決定

図 4. 4 に示すように，地上の射場から打ち上げられた宇宙機が，地心距離

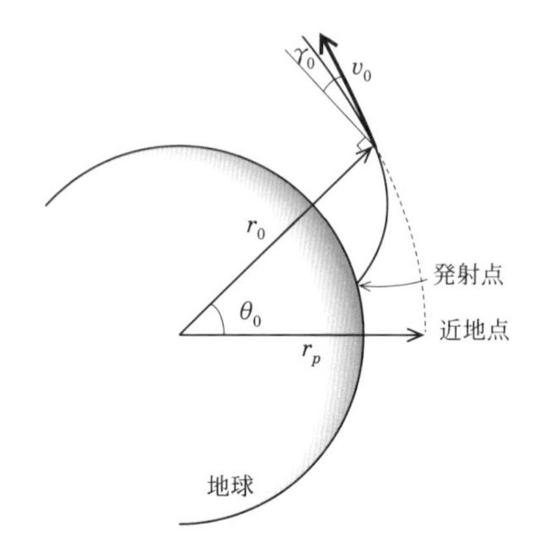

図 4. 4　軌道投入条件

r_0 の地点で局所水平面に対して経路角 γ_0，速度 v_0 で軌道投入された後の軌道を決定する問題を考えよう．

角運動量保存の法則から，軌道投入点で

$$h = r_0 v_0 \cos\gamma_0 \tag{4.3}$$

が成り立つ．したがって，軌道投入点での真近点離角を θ_0 として軌道投入点での速度の鉛直成分は，(2.52)式，(2.13)式，および(4.3)式を使って

$$v_0 \sin\gamma_0 = \left(\frac{dr}{dt}\right)_{r=r_0} = \left(\sqrt{\frac{\mu^2}{h^2}} e\sin\theta\right)_{\theta=\theta_0} = \frac{\mu}{h} e\sin\theta_0 = \frac{\mu e\sin\theta_0}{r_0 v_0 \cos\gamma_0}$$

と表される．これより，

$$e\sin\theta_0 = \frac{r_0 v_0^2}{\mu} \sin\gamma_0 \cos\gamma_0 \tag{4.4}$$

を得る．

また，軌道投入点の地心距離 r_0 は，(2.31)式と(4.3)式から

$$r_0 = \frac{\frac{h^2}{\mu}}{1+e\cos\theta_0} = \frac{r_0^2 v_0^2 \cos^2\gamma_0}{\mu(1+e\cos\theta_0)}$$

と表されるので，これより

$$e\cos\theta_0=\frac{r_0 v_0^2}{\mu}\cos^2\gamma_0-1 \tag{4.5}$$

を得る．

しかるに，軌道投入後の軌道の離心率 e は，(4.4)式と(4.5)式から

$$e^2=\left(\frac{r_0 v_0^2}{\mu}\sin\gamma_0\cos\gamma_0\right)^2+\left(\frac{r_0 v_0^2}{\mu}\cos^2\gamma_0-1\right)^2,$$

ゆえに

$$e=\sqrt{\left(\frac{r_0 v_0^2}{\mu}-2\right)\frac{r_0 v_0^2}{\mu}\cos^2\gamma_0+1} \tag{4.6}$$

より決定される．

また，軌道投入点の真近点離角 θ_0 は，(4.4)式を(4.5)式で除して

$$\tan\theta_0=\frac{\dfrac{r_0 v_0^2}{\mu}\sin\gamma_0\cos\gamma_0}{\dfrac{r_0 v_0^2}{\mu}\cos^2\gamma_0-1} \tag{4.7}$$

から求まる．

(4.6)式と(4.7)式から決まる e と θ_0 をもとに，楕円の場合は(1.11)式を，双曲線の場合は(1.20)式を，それぞれ(2.15)式へ代入した

$$楕\quad円：r_0=\frac{a(1-e^2)}{1+e\cos\theta_0} \tag{4.8}$$

$$双曲線：r_0=\frac{a(e^2-1)}{1+e\cos\theta_0} \tag{4.9}$$

から，軌道の半長軸または半交軸 a が決定される．こうして，a と e から軌道の形状が，θ_0 から軌道の向きが，一意的に決まることになる．

以下では特に $\gamma_0=0°$，つまり，宇宙機を軌道投入点で局所水平面に対して平行に打ち出す場合を考えよう(図4.5)．

このときは，(4.6)式と(4.7)式から直ちに

$$e=\frac{r_0 v_0^2}{\mu}-1 \tag{4.10}$$

$$\theta_0=0° \tag{4.11}$$

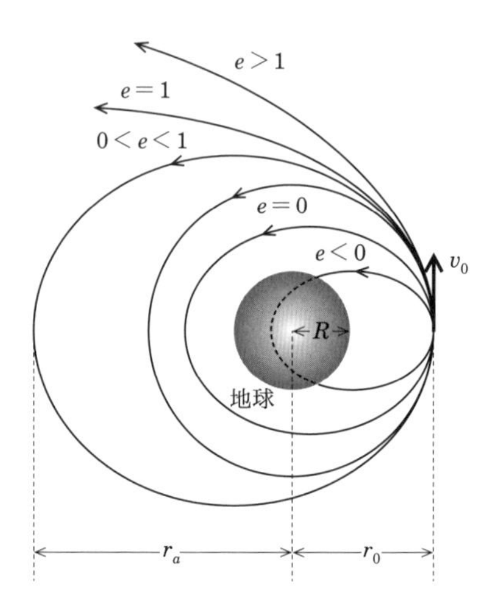

図 4.5 $\gamma_0 = 0$ での宇宙機の軌道投入

が得られて，(4.11)式から軌道投入点は近地点になることがわかる．

次に，(4.10)式の意味を吟味してみよう．

$\dfrac{r_0 v_0^2}{\mu} = 1$ のとき(4.10)式から $e = 0$ となるので，軌道は円になる．そして，このときの宇宙機の速度は

$$v_0 = \sqrt{\frac{\mu}{r_0}} \tag{4.12}$$

となる．とくに，地上から直接水平に打ち出すとき，r_0 は地球の赤道半径になるから，$\mu = 3.986004 \times 10^5\ \mathrm{km^3/s^2}$，$r_0 = 6378.137\ \mathrm{km}$ として，(4.12)式から

$$v_0 = \sqrt{\frac{3.986004 \times 10^5}{6378.137}} \cong 7.905\ \mathrm{km/s}$$

を得る．これは，2.4 節で述べた第 1 宇宙速度にほかならない．

$\dfrac{r_0 v_0^2}{\mu} \geqq 2$ のときは $e \geqq 1$ となり，軌道は放物線または双曲線となって，宇宙機の速度は

$$v_0 \geqq \sqrt{\frac{2\mu}{r_0}} \tag{4.13}$$

となる．とくに，等号が成り立つ場合で，r_0 が地球の赤道半径を表すときには

$$v_0 = \sqrt{\frac{2\times3.986004\times10^5}{6378.137}} \cong 11.180\ \mathrm{km/s}$$

となり，やはり2.5節で述べた第2宇宙速度が得られる．

また，$\dfrac{r_0 v_0^2}{\mu} > 2$ のときは，(4.11)式の $\theta_0 = 0°$ を(4.9)式へ代入すれば双曲線の半交軸 a が求まり

$$a = \frac{r_0}{e-1} \tag{4.14}$$

となる．

$1 < \dfrac{r_0 v_0^2}{\mu} < 2$ のときは $0 < e < 1$ となり，軌道は楕円になる．このとき，(4.11)式を(4.8)式へ代入すれば楕円の半長軸 a が求まり，

$$a = \frac{r_0}{1-e} \tag{4.15}$$

となる．これを使って，遠地点距離 r_a は，

$$r_a = a(1+e) = \frac{r_0(1+e)}{1-e} \tag{4.16}$$

と表される．

$\dfrac{r_0 v_0^2}{\mu} < 1$ のときは $e < 0$ となり，(4.8)式から軌道投入点 r_0 は遠地点になることがわかる．このとき，軌道の形状は軌道投入点とちょうど反対側の $\theta = 180°$ を近地点とする楕円となり，軌道高度は軌道投入点から次第に降下していって，空気抵抗を受ける領域へ接近することになる．とくに，近地点が地球内部に位置する楕円になるときは，地上にある楕円の部分は大陸間弾道ミサイルの軌道として利用されるものになる．

4.4　弾道ミサイルの軌道決定

ここでは，4.3節で述べた宇宙機の軌道決定の理論の応用として，弾道ミ

サイルの軌道決定問題を考えてみよう．弾道ミサイルの軌道は，人工衛星とは異なり，図 4.6 に示すような地球の中心を焦点とする楕円の一部をなす**弾道軌道**を描く．地球の中心を極とし，そこから楕円軌道の近地点方向を始線とする極座標を導入すると，軌道上のミサイルの位置は極座標 (r, θ) で表される．半径 R の球形地球を仮定すると，発射点 A の極座標は (R, θ_0) となるから，ミサイルの発射速度を v_0，発射角(経路角)を γ_0 とすれば，弾道軌道の離心率 e は(4.6)式で与えられて

$$e = \sqrt{\left(\frac{Rv_0^2}{\mu} - 2\right)\frac{Rv_0^2}{\mu}\cos^2\gamma_0 + 1} \tag{4.17}$$

となる．また，真近点離角 θ_0 は(4.7)式から

$$\theta_0 = \tan^{-1}\left(\frac{\dfrac{Rv_0^2}{\mu}\sin\gamma_0\cos\gamma_0}{\dfrac{Rv_0^2}{\mu}\cos^2\gamma_0 - 1}\right) \tag{4.18}$$

と表される．

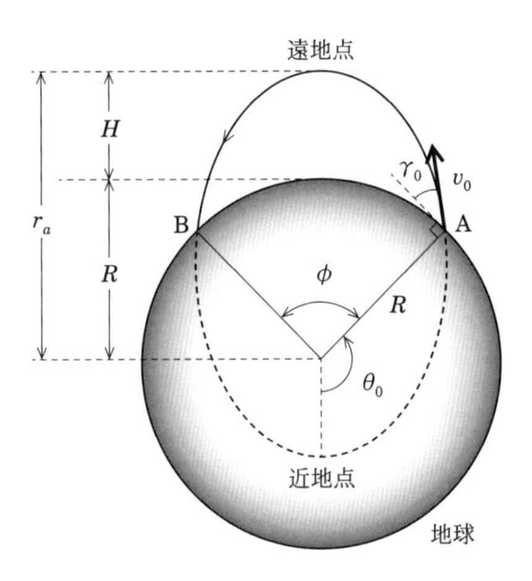

図 4.6　ミサイルの弾道軌道

したがって，弾道軌道の半長軸aは(4.8)式から

$$a=\frac{R(1+e\cos\theta_0)}{1-e^2} \tag{4.19}$$

と求められる．

以上から，軌道の形状と向きが決まるので，次に射程を求めよう．射程の中心角をϕとすると，発射点Aの真近点離角θ_0とは

$$\theta_0=180^\circ-\frac{\phi}{2} \tag{4.20}$$

の関係にあるから，これと$r_0=R$を(4.7)式へ代入すれば

$$\tan\frac{\phi}{2}=\frac{\dfrac{Rv_0^2}{\mu}\sin\gamma_0\cos\gamma_0}{1-\dfrac{Rv_0^2}{\mu}\cos^2\gamma_0} \tag{4.21}$$

を得る．しかるに，射程Lは$L=R\phi$より

$$L=2R\tan^{-1}\left(\frac{\dfrac{Rv_0^2}{\mu}\sin\gamma_0\cos\gamma_0}{1-\dfrac{Rv_0^2}{\mu}\cos^2\gamma_0}\right) \tag{4.22}$$

と定まる．

図4.7は，(4.21)式をもとに$\dfrac{Rv_0^2}{\mu}$をパラメーターとして，発射角γ_0に対する射程の中心角ϕの変化を示したものであるが，$\dfrac{Rv_0^2}{\mu}$の値が1未満(1に等しいとき，$v_0=7.9$ km/s)であるとき，最大射程の中心角を与える最適発射角(破線との交点)γ_0が存在することが読みとれる．つまり，最大射程が存在するということである．以下では，この最大射程L_mと，それを与える最適発射角γ_0を求めてみよう．

ここでは，弾道ミサイルの発射速度v_0は一定であるとする．(4.21)式から射程の中心角ϕは発射角γ_0のみの関数になるから，$\alpha=\dfrac{Rv_0^2}{\mu}$と置いてこの両辺を$\gamma_0$で微分すると

$$\frac{1}{2}\sec^2\frac{\phi}{2}\frac{d\phi}{d\gamma_0}=\frac{\alpha\{(2-\alpha)\cos^2\gamma_0-1\}}{(\alpha\cos^2\gamma_0-1)^2}$$

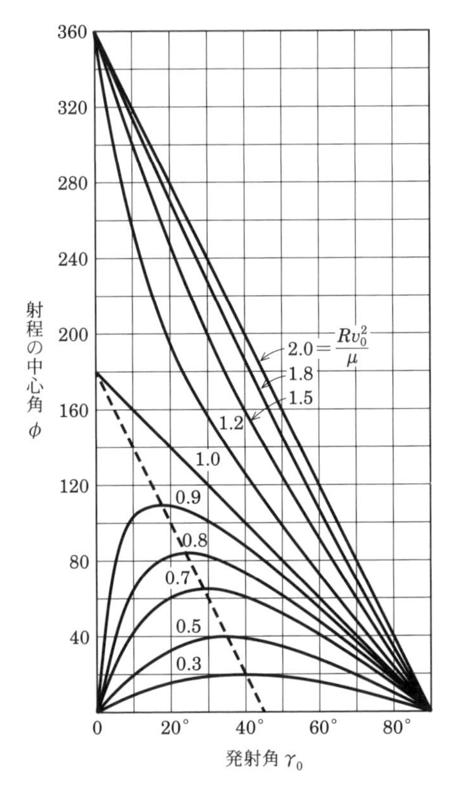

図 4.7　経路角 γ_0 に対する射程角 ϕ の変化

と求まり，最大射程の中心角を与える最適発射角 γ_0 は，上式に $\dfrac{d\phi}{d\gamma_0}=0$ として

$$\cos^2\gamma_0=\frac{1}{2-\alpha},$$

つまり

$$\cos^2\gamma_0=\frac{1}{2-\dfrac{Rv_0^2}{\mu}} \tag{4.23}$$

より得られる．これより

$$\sin\gamma_0 = \sqrt{1-\cos^2\gamma_0} = \sqrt{\frac{1-\dfrac{Rv_0^2}{\mu}}{2-\dfrac{Rv_0^2}{\mu}}} \tag{4.24}$$

であるので，(4.23)式と(4.24)式を(4.21)式と(4.22)式へ代入すれば，最大射程の中心角 ϕ_m と最大射程 L_m は

$$\phi_m = 2\tan^{-1}\frac{\dfrac{Rv_0^2}{\mu}}{2\sqrt{1-\dfrac{Rv_0^2}{\mu}}} \tag{4.25}$$

$$L_m = R\phi_m \tag{4.26}$$

と得られる．

また，弾道軌道の最高高度 H は，遠地点距離から地球の半径 R を差し引いて得られて

$$H = a(1+e)-R$$

となるから，これに(4.19)式を代入し(4.20)式を使えば

$$H = \frac{Re}{1-e}\left(1-\cos\frac{\phi}{2}\right) \tag{4.27}$$

と求められる．

最後に，発射点Aから着弾点Bまでの飛行時間を求めよう．それは，近地点から遠地点までの経過時間と，近地点から発射点までの経過時間の差の2倍として求められる．

まず，前者は楕円軌道の半周期の時間であるから，それはケプラーの第3法則(2.22a)式より $\pi\sqrt{\dfrac{a^3}{\mu}}$ となる．

また，後者は(2.42)式から

$$t_0 = \sqrt{\frac{a^3}{\mu}}\left\{2\tan^{-1}\left(\sqrt{\frac{1-e}{1+e}}\tan\frac{\theta_0}{2}\right)-\frac{e\sqrt{1-e^2}\sin\theta_0}{1+e\cos\theta_0}\right\}$$

である．

したがって，発射点Aから着弾点Bまでの飛行時間 t_F は，

$$t_F = 2\left(\pi\sqrt{\frac{a^3}{\mu}} - t_0\right),$$

つまり

$$t_F = 2\sqrt{\frac{a^3}{\mu}}\left\{\pi - 2\tan^{-1}\left(\sqrt{\frac{1-e}{1+e}}\tan\frac{\theta_0}{2}\right) + \frac{e\sqrt{1-e^2}\sin\theta_0}{1+e\cos\theta_0}\right\} \tag{4.28}$$

と求められる.

また，(4.20)式を使うと，(4.28)式は射程の中心角 ϕ を使って

$$t_F = 2\sqrt{\frac{a^3}{\mu}}\left\{\pi - 2\tan^{-1}\left(\sqrt{\frac{1-e}{1+e}}\cot\frac{\phi}{4}\right) + \frac{e\sqrt{1-e^2}\sin\frac{\phi}{2}}{1-e\cos\frac{\phi}{2}}\right\} \tag{4.29}$$

と表される.

図 4.8 は，(4.23)式，(4.25)式と(4.26)式，および(4.29)式から，発射速度 v_0 に対する最適発射角 γ_0，最大射程 L_m と飛行時間 t_F を示したものである.

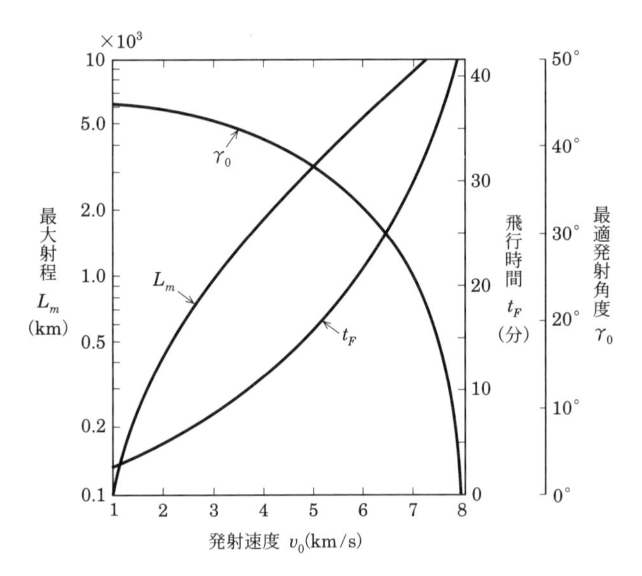

図 4.8　発射速度 v_0 に対する最大射程 L_m，飛行時間 t_F，最適発射角 γ_0 の関係

ここから，発射速度 $v_0 = 7.0$ km/s のとき，$\gamma_0 = 24.92°$，$L_m = 8939.525$ km，$t_F = 1803.98$ s，つまり約30分であることがわかる．

4.5　境界値からの軌道決定

地球から例えば木星へ探査機を送るという惑星間飛行問題を考えよう[3]．このとき，地球と木星は天体暦に示される運動をしているので，地球出発の時刻と木星到着の時刻を指定すればそれぞれの太陽に対する位置ベクトルは一義的に決まり，同時に，この二点間の飛行時間と遷移角も定まってしまう．したがって，ここに二地点とその間の飛行時間を満たす軌道はいかなるものであればよいか決定せよ，という問題が発生する．これは古くから知られた**ランベルト問題**と呼ばれるもので，天空に現れる彗星の軌道をその二地点の観測値から決定するという，二点境界値問題の一種である．ここでは，この問題を探査機の惑星間遷移軌道決定問題として採り上げよう．

図4.9に示すように，二点P, Qを結ぶ遷移軌道の離心率を e，軌道上の二点P, Qの動径をそれぞれ r_1, r_2，真近点離角をそれぞれ θ_1, θ_2，さらに近日点距離を r_p とする．すると，この二点を結ぶ遷移軌道については，(2.33)式より

$$r_1 = \frac{r_p(1+e)}{1+e\cos\theta_1} \tag{4.30}$$

$$r_2 = \frac{r_p(1+e)}{1+e\cos\theta_2} \tag{4.31}$$

が成り立つ．そこで，この二式を辺々除して r_p を消去した後，e について解き直すと

$$e = \frac{r_1 - r_2}{r_1\cos\theta_1 - r_2\cos\theta_2} \tag{4.32}$$

が得られて，二点P, Q間の遷移軌道の離心率 e が決まる．

また，近日点距離 r_p は，(4.30)式より

$$r_p = \frac{r_1(1+e\cos\theta_1)}{1+e} \tag{4.33}$$

3）目標地点で目標物体に会合し，その後目標物体と並進する場合を**ランデブー**といい，ミサイル迎撃のように目標物体と交差するだけの場合は**インターセプト**と呼ぶ．

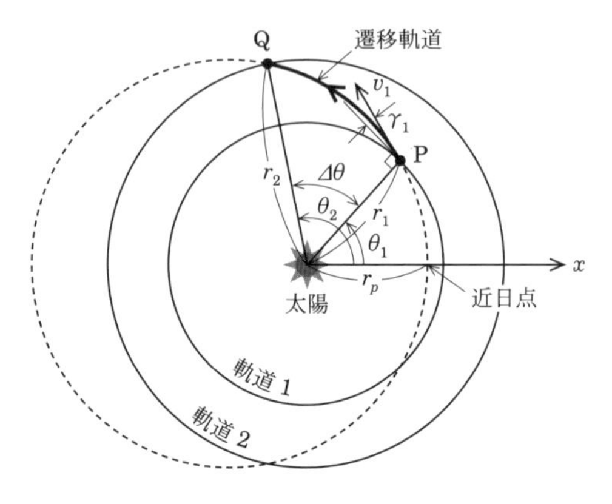

図 4.9 惑星間遷移軌道

と求まる．

以上の結果から，遷移軌道の半長軸もしくは半交軸 a は，それぞれ(2.16)式と(2.17)式より

$$\text{楕円軌道}:a=\frac{r_p}{1-e} \tag{4.34}$$

$$\text{双曲線軌道}:a=\frac{r_p}{e-1} \tag{4.35}$$

と定まる．

ここで，もしも点Pにおける遷移軌道の速度 v_1 と経路角 γ_1 が知られていれば，(4.7)式から真近点離角 θ_1 が求められて

$$\theta_1=\tan^{-1}\left(\frac{\dfrac{r_1 v_1^2}{\mu}\sin\gamma_1\cos\gamma_1}{\dfrac{r_1 v_1^2}{\mu}\cos^2\gamma_1-1}\right) \tag{4.36}$$

となる．すると，既知量である遷移角 $\Delta\theta$ を使えば真近点離角 θ_2 は

$$\theta_2=\theta_1+\Delta\theta \tag{4.37}$$

と表されることになって，真近点離角 θ_1 により決まることになる．

こうして定まった a, e と θ_1, θ_2 より二点P, Q間の飛行時間 t_F を求めると，

(2.42)式または(2.43)式から

楕円軌道：

$$t_F=\sqrt{\frac{a^3}{\mu}}\left[\left\{2\tan^{-1}\left(\sqrt{\frac{1-e}{1+e}}\tan\frac{\theta_2}{2}\right)-\frac{e\sqrt{1-e^2}\sin\theta_2}{1+e\cos\theta_2}\right\}\right.$$
$$\left.-\left\{2\tan^{-1}\left(\sqrt{\frac{1-e}{1+e}}\tan\frac{\theta_1}{2}\right)-\frac{e\sqrt{1-e^2}\sin\theta_1}{1+e\cos\theta_1}\right\}\right] \tag{4.38}$$

双曲線軌道：

$$t_F=\sqrt{\frac{a^3}{\mu}}\left[\left\{\frac{e\sqrt{e^2-1}\sin\theta_2}{1+e\cos\theta_2}-\ln\left(\frac{\sqrt{e+1}+\sqrt{e-1}\tan\frac{\theta_2}{2}}{\sqrt{e+1}-\sqrt{e-1}\tan\frac{\theta_2}{2}}\right)\right\}\right.$$
$$\left.-\left\{\frac{e\sqrt{e^2-1}\sin\theta_1}{1+e\cos\theta_1}-\ln\left(\frac{\sqrt{e+1}+\sqrt{e-1}\tan\frac{\theta_1}{2}}{\sqrt{e+1}-\sqrt{e-1}\tan\frac{\theta_1}{2}}\right)\right\}\right] \tag{4.39}$$

となる．

ここで注意しなければならないことは，(4.38)式もしくは(4.39)式より得られる飛行時間 t_F が二地点 P, Q 間の要求飛行時間 $\tilde{t}_F$ に一致しているとは限らないことである．(4.30)式～(4.35)式までと(4.38)式および(4.39)式を一括して眺めると，t_F は θ_1 の関数であることがわかり，θ_1 の変動が t_F に反映されることが理解できる．

図 4.10 は，二地点 P, Q 間を結ぶ異なる飛行時間の楕円遷移軌道を示したものであるが，(a)はその遠日点を通過しない場合を，(b)はその遠日点を通過するときのものである．ここからわかるように，θ_1 の違いから t_F が異なるので，θ_1 を変化させて t_F を既知量 $\tilde{t}_F$ に一致させるための反復計算が必要になるのである．それにはニュートン-ラフソン法が利用できるが，この手法では(4.38)式と(4.39)式の θ_1 に関する導関数が必要となるので，それを求めると次のようになる．

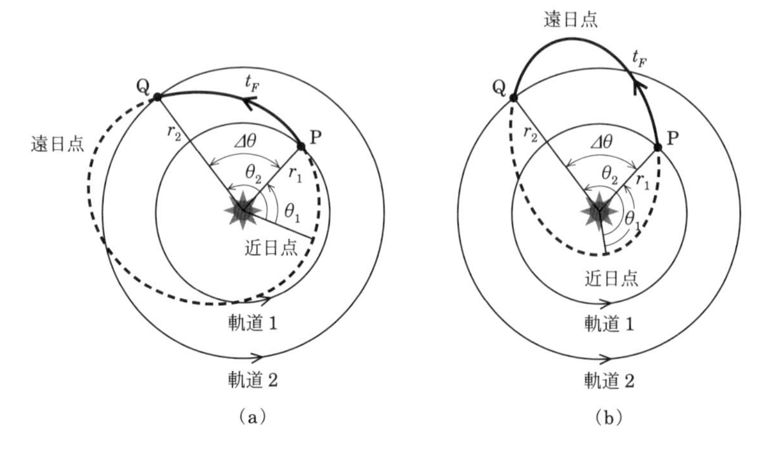

図 4.10 異なる飛行時間の二種類の楕円遷移軌道

楕円軌道：

$$\frac{dt_F}{d\theta_1}=\sqrt{\frac{a^3(1-e^2)}{\mu}}\left[\left\{\frac{1+\tan^2\dfrac{\theta_2}{2}}{1+e+(1-e)\tan^2\dfrac{\theta_2}{2}}-\frac{e(\cos\theta_2+e)}{(1+e\cos\theta_2)^2}\right\}\right.$$
$$\left.-\left\{\frac{1+\tan^2\dfrac{\theta_1}{2}}{1+e+(1-e)\tan^2\dfrac{\theta_1}{2}}-\frac{e(\cos\theta_1+e)}{(1+e\cos\theta_1)^2}\right\}\right] \tag{4.40}$$

双曲線軌道：

$$\frac{dt_F}{d\theta_1}=\sqrt{\frac{a^3(e^2-1)}{\mu}}\left[\left\{\frac{e(\cos\theta_2+e)}{(1+e\cos\theta_2)^2}-\frac{1+\tan^2\dfrac{\theta_2}{2}}{e+1-(e-1)\tan^2\dfrac{\theta_2}{2}}\right\}\right.$$
$$\left.-\left\{\frac{e(\cos\theta_1+e)}{(1+e\cos\theta_1)^2}-\frac{1+\tan^2\dfrac{\theta_1}{2}}{e+1-(e-1)\tan^2\dfrac{\theta_1}{2}}\right\}\right] \tag{4.41}$$

ここでは，(4.37)式を考慮して θ_2 を θ_1 で表示した後に微分を実行し，再び

(4.37)式を使ってθ_2の表示に戻してある．

具体的な計算としては，固定値$r_1, r_2, \varDelta\theta, \tilde{t}_F$と初期値$\theta_1$（これは直接与えるか，または$v_1$と$\gamma_1$より(4.36)式から与える）を与えると，(4.32)式からeが，(4.33)式からr_pが，(4.34)式または(4.35)式からaが，そして(4.37)式からθ_2が求まるので，これらを$e<1$なら(4.38)式と(4.40)式へ，また$e>1$なら(4.39)式と(4.41)式へ代入して，ニュートン-ラフソン法を使った反復計算により適切な$\theta_1, \theta_2, e, r_p, a$を決定するのである．このようにして，二地点P，Q間の遷移軌道が決定されることになる．以上の数値計算法については，付録Fを参照されたい．

なお，ここでの事例としては，6.3節で詳しく述べることにする．

第5章

ロケットの性能

ロケット推進の基本原理を説明し，自由空間でのロケットの運動方程式からその性能にかかわるツィオルコフスキーの式を導く．この式を基に，多段ロケットを構成したときのロケットの打ち上げ能力を簡単に見積る手法を示し，わが国のH-IIBロケットとアメリカのアトラスV551ロケットの性能を比較して，静止衛星や惑星探査機の打ち上げ能力を検討してみる．

5.1 ロケットの運動方程式

ロケットの運動は，その質量が急速に減少すると同時に，その速度が増加することに特徴がある．このような問題では，微小時間でのロケットの質量の減少と噴出した燃焼ガスの質量およびそれぞれの速度変化について，“運動量の変化は力積に等しい”という運動量の原理を適用すればよい．この場合，ロケットのエンジンノズルから後方へ噴出される燃焼ガスはいわゆる塊となって投げ出されるのではなく，微細な質点の集合体として後方へ噴き出されるのであるから，一種の極限操作が必要になる．そこで，この問題を具体的に定式化してみよう．

図5.1に示すように，ロケットは時刻tに質量がm，速度がvであったとする．その後，微小時間Δtの後に質量が$-\Delta m$ ($\Delta m < 0$) だけ減少し，速度がΔv増加して時刻$t+\Delta t$で質量が$m+\Delta m$に，速度が$v+\Delta v$になったとする．このとき，進行方向と逆向きに噴出された燃焼ガスのロケットに対する相対速度をcとすれば，噴出した燃焼ガスの速度は$v+\Delta v-c$になるので，燃

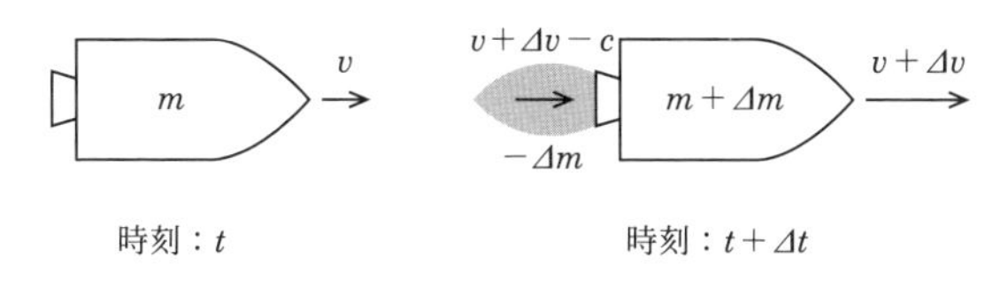

図 5.1　ロケットの運動

焼ガス噴射前後における運動量の変化は,

$$\{(m+\varDelta m)(v+\varDelta v)+(-\varDelta m)(v+\varDelta v-c)\}-mv = m\varDelta v+c\varDelta m$$

となる.

一方，微小時間 $\varDelta t$ の間にこの力学系に作用する重力や空気抗力などの外力の速度方向の成分を F とすると，この間の力積は $F\varDelta t$ と書ける.

したがって，このときの運動量の原理は

$$m\varDelta v+c\varDelta m = F\varDelta t$$

と表されるから，この両辺を $\varDelta t$ で除して $\varDelta t \to 0$ とすれば,

$$m\frac{dv}{dt}+c\frac{dm}{dt} = F$$

となり

$$m\frac{dv}{dt} = -\frac{dm}{dt}c+F \tag{5.1}$$

が得られる．これがロケットの運動方程式である.

5.2　推力と比推力

(5.1)式の右辺第1項の意味を考えよう．速度 c であるが，これはロケットエンジンのノズルから後方へ噴出される燃焼ガスの速度を表し，**有効排気速度**と呼ばれる．したがって，c の次元は m/s である．わが国の液体燃料を使用する H-ⅡA ロケットの第1段，第2段では 4000〜5000 m/s の値で，固体燃料を使用するイプシロンロケットの第1段から第3段では，2700〜2900 m/s の値である.

また，$-\dfrac{dm}{dt}$ であるが，これは質量減少率を表すのでこれを $\dot{m}$（**質量流量率**という）と書くことにすると，これによりロケットの推力が発生するわけである．ここで，$\dot{m}$ は kg/s の次元をもつ．

しかるに，(5.1)式の右辺第1項は $\mathrm{kg\,m/s^2}$ の次元をもつことになり，これは力の次元であるから，これをあらためて T と書くことにすると

$$T \equiv -\frac{dm}{dt}c = \dot{m}c \qquad \left(\dot{m} \equiv -\frac{dm}{dt}\right) \tag{5.2}$$

となり，これをロケットの**推力**と定義する．このとき(5.1)式は

$$m\frac{dv}{dt} = T + F \tag{5.3}$$

と表される．

また，ロケットの性能を評価する指標として**比推力** I_{sp} と呼ばれるものがあるが，これは"単位時間に消費される推進剤の発生する推力の大きさ"を表して，

$$I_{sp} \equiv \frac{T}{\dot{m}g} = \frac{c}{g} \tag{5.4}$$

で定義される．ここに，g は地表での標準重力加速度 $9.80665\ \mathrm{m/s^2}$ である．(5.4)式に見るように，比推力の次元は s（秒）である．したがって，比推力とは，"単位質量の推進剤が単位推力を維持し続ける時間"とも解釈できる．

以上の定義から，有効排気速度 c は，(5.4)式より

$$c = gI_{sp} \tag{5.5}$$

と表される．

静止衛星を静止軌道へ投入するには 500 N 級のアポジーエンジンが使用される．この推進剤には，酸化剤に四酸化二窒素，燃料にヒドラジンとするものが使われ，その性能は比推力 $I_{sp} =$ 319.8 s，推力 $T = 553$ N である．これらの値から有効排気速度 c と推進剤流量率 $\dot{m}$ を計算してみると，それぞれ(5.5)式および(5.2)式から

$$c = 9.80665 \times 319.8 \cong 3136\ \mathrm{m/s}, \qquad \dot{m} = \frac{553}{3136} \cong 0.176\ \mathrm{kg/s}$$

と得られる．

5.3 ツィオルコフスキーの式

重力も空気抗力もない，まったく自由な空間を考えよう．このような条件でのロケットの運動を論ずるには，(5.1)式で $F=0$ と置けばよい．すると，(5.1)式は

$$\frac{dv}{dt}=-\frac{c}{m}\frac{dm}{dt}$$

となるから，$t=0$ のとき $v=v_0$，$m=m_0$，また $t=t$ のとき $v=v$，$m=m$ としてこの両辺を時間 t で積分すれば

$$\int_0^t \frac{dv}{dt}dt=-c\int_0^t \frac{1}{m}\frac{dm}{dt}dt,$$

すなわち

$$\int_{v_0}^{v} dv=-c\int_{m_0}^{m}\frac{dm}{m}$$

となる．したがって，

$$v-v_0=c\ln\frac{m_0}{m}$$

を得る．そこで，燃焼終了時 $t=t_f$ で $v=v_f$，$m=m_f$ として(5.5)式を用いれば，これは

$$\Delta v\equiv v_f-v_0=gI_{sp}\ln\frac{m_0}{m_f} \tag{5.6}$$

となる．この式の左辺は，ロケットの質量が m_0 から m_f へ減少するまでの速度増分 Δv を表し，右辺の**質量比** $\dfrac{m_0}{m_f}$ が大きいほど，大きくなることがわかる．このように，この式はロケットの性能を推し量るための重要な式であることから，その発見者にちなんで**ツィオルコフスキーの式**と呼ばれる．

この式の一つの応用として，速度増分 Δv が与えられたとき，それに必要な推進剤の質量を見積もることができる．推進剤の質量 m_p は $m_p=m_0-m_f$ であるから，(5.6)式を終期質量 m_f について解くことにより，

$$m_p = m_0\left(1-e^{-\frac{\Delta v}{gI_{sp}}}\right) \tag{5.7}$$

と得られる．

例として，**単段ロケット**(1段式ロケットを指す)で，人工衛星を打ち上げられるかどうかを検討してみよう．現在の技術水準で実現されている質量比の値は6〜8であり，また，液体酸素と液体水素を組み合わせとする推進剤の比推力は$I_{sp} = 450$ s であるので，これらの値を(5.6)式に代入すれば，速度増分は

$$\Delta v = 9.80665 \times 450 \times \ln 6 \sim 9.80665 \times 450 \times \ln 8$$
$$= 7.907 \sim 9.177 \text{ km/s}$$

と得られる．

もし，単段ロケットで高度200 kmの円軌道に人工衛星を打ち上げようとするとき，その高度までの重力と空気抗力による速度損失は約1780 m/sと推定されるので[1)]，高度200 kmに達したときの速度は$v = 6.127 \sim 7.397$ km/sとなって，その高度での円速度7.784 km/sに足らず，人工衛星を軌道に乗せることはできないことがわかる．

次に，(5.7)式の応用として，3.1節および3.3節で述べた軌道遷移に必要な推進剤の質量を見積もってみよう．はじめは同一軌道面(赤道面)内での軌道遷移の場合であるが，すでに高度250 kmの低軌道上にある衛星(＋推進機構)を最初の増速$\Delta v_1 = 2.440$ km/sにより静止遷移軌道へ投入するとする．このとき衛星等の全質量(＝推進機構の構造質量(3000 kg)＋推進剤質量＋衛星質量(含アポジーエンジン))を$m_0 = 9350$ kg，推進剤の比推力を$I_{sp} = 448$ s，標準重力加速度を$g = 9.80665 \times 10^{-3}$ km/s^{2}とすると，(5.7)式から

$$m_p = 9350 \times \left(1-e^{-\frac{2.440}{9.80665\times10^{-3}\times448}}\right) \cong 3984 \text{ kg}$$

と得られる．したがって，静止遷移軌道へ投入された質量は，9350－3984＝5366 kgということになる．これは，第2回目の増速Δv_2に必要なアポジーエンジンを搭載した静止衛星の質量と推進機構の構造質量3000 kgとの和であることに注意を要する．このあと推進機構は分離されるから，静止衛星の

質量は 5366－3000 ＝ 2366 kg ということになる．

つづいて，第2回目の増速 $\Delta v_2 = 1.472$ km/s に必要な推進剤の質量を推算しよう．これも同様に行えて，アポジーエンジン燃焼前の質量は $m_0 = 2366$ kg，比推力は $I_{sp} = 319.8$ s であるから，(5.7)式より

$$m_p = 2366 \times \left(1 - e^{-\frac{1.472}{9.80665 \times 10^{-3} \times 319.8}}\right) \cong 886 \text{ kg}$$

と得られる．この結果，最終的に静止軌道に乗る衛星の質量は，2366－886 ＝ 1480 kg ということになる．このように，静止衛星の質量は，静止遷移軌道上にあるときの質量の約 $\frac{1}{2}$ となる．

今度は，同様の問題を軌道面変更を伴う場合で検討してみよう．3.3節で見たように低軌道上から静止遷移軌道への増速は $\Delta v_1 = 2.462$ km/s であるから，エンジン点火前の全質量を $m_0 = 9350$ kg とし，推進剤の比推力を $I_{sp} = 448$ s とすると，(5.7)式から

$$m_p = 9350 \times \left(1 - e^{-\frac{2.462}{9.80665 \times 10^{-3} \times 448}}\right) \cong 4011 \text{ kg}$$

と得られる．これより，静止遷移軌道へ投入される質量は，9350－4011 ＝ 5339 kg となる．このあと推進機構は分離されるので，その構造質量 3000 kg を差し引いた値が静止衛星の質量となり，5339－3000 ＝ 2339 kg と求まる．

つづいて，第2回目の増速 $\Delta v_2 = 1.829$ km/s に必要な推進剤の質量を推算しよう．アポジーエンジン点火前の質量は $m_0 = 2339$ kg，$I_{sp} = 319.8$ s であるから，(5.7)式より

$$m_p = 2339 \times \left(1 - e^{-\frac{1.829}{9.80665 \times 10^{-3} \times 319.8}}\right) \cong 1034 \text{ kg}$$

と得られる．ここから，最終的に静止軌道に乗る静止衛星の質量は，2339－1034 ＝ 1305 kg ということになる．

同一軌道面(赤道面)内での軌道遷移で得られた値と，北緯 30.4° の種子島宇宙センターから打ち上げる場合とを比較してみると，赤道上の射場からの打ち上げに対し推進剤で 16.7% 増加し，衛星質量では 11.82% の減少ということになる．質量にするといずれも 175 kg に相当するが，その分の衛星質

1) 推定値は，H. H. Koelle (ed.), *Handbook of Astronautical Engineering*, McGraw-Hill Book Company, 1961 による．

量が削られ，それがそのまま推進剤の質量へまわされたということである．これが軌道面変更を伴うことの損失で，静止衛星の運用寿命の数年分にあたるといわれている．

5.4　多段ロケット

複数のロケットを直列に連結したものを**多段ロケット**という．このとき，(5.6)式の意味を考えてみよう．実際のロケット打ち上げではその先端に何らかの荷物(これを**ペイロード**という)が搭載されるから，(5.6)式の初期質量 m_0 と終期質量 m_f には，このペイロード質量が含まれている．したがって，多段ロケットの場合，例えば第1段に着目すると，m_0 は第1段以上の全質量を表し，また m_f は第1段の構造質量と第2段以上の質量の和を意味する．そこでペイロードを除く第 i 段以上の全質量を m_{i0}（第 i 段の初期**全備質量**[2)]），また第 i 段の構造質量と第 $i+1$ 段以上の質量の和を m_{if}（第 i 段の終期全備質量），ペイロード質量を m_L とすると，最終段燃焼終了時までの速度増分 Δv_{0f} は，

$$\Delta v_{0f} = g\sum_{i=1}^{n} I_{spi} \ln \frac{m_{i0}+m_L}{m_{if}+m_L} \tag{5.8}$$

で表される．ここに，I_{spi} は第 i 段の比推力である．

ところで，ロケットの第1段には補助ロケットブースターを装着していることが多いが，この場合，複数のロケットの同時並列燃焼であるので，速度増分の計算式には次に述べるような修正が必要である．

(5.3)式で $F=0$ とするときの自由空間でのロケットの運動方程式 $m\dfrac{dv}{dt} = T$ から，その速度増分 Δv は，

$$\Delta v = \int_{t_0}^{t_f} \frac{T}{m} dt \tag{5.9}$$

と表される．ここで，t_0, t_f はそれぞれ増速開始時刻と終了時刻である．

いま，並列に束ねたロケット A, B の質量をそれぞれ m_A, m_B，その推力をそれぞれ T_A, T_B とすると，ロケット A, B を同時に並列燃焼するときの速度

増分 Δv は，(5.9)式より

$$\Delta v = \int_{t_0}^{t_f} \frac{T_A + T_B}{m_A + m_B} dt \tag{5.10}$$

と書ける．(5.10)式は，このままでは解析的に積分できないので，一工夫が必要である．それには，ロケット A, B の質量変化率がそれぞれ $\frac{dm_A}{dt}$, $\frac{dm_B}{dt}$ であることに注目して，(5.2)式と(5.4)式から新たに**等価比推力** $\bar{I}_{sp}$ を

$$\bar{I}_{sp} \equiv \frac{T_A + T_B}{\left(-\frac{dm_A}{dt} - \frac{dm_B}{dt}\right) g} = -\frac{T_A + T_B}{\frac{d(m_A + m_B)}{dt} g} \tag{5.11}$$

で定義する．すると(5.11)式を用いて(5.10)式から $T_A + T_B$ を消去すれば，

$$\Delta v = -g\bar{I}_{sp} \int_{(m_A+m_B)_0}^{(m_A+m_B)_f} \frac{d(m_A + m_B)}{m_A + m_B} = g\bar{I}_{sp} \ln \frac{(m_A + m_B)_0}{(m_A + m_B)_f} \tag{5.12}$$

が得られる．したがって，n 段ロケットの第1段に補助ロケットブースターを装着する場合，その分離直前までの速度増分 Δv_1^- の計算式は

$$\Delta v_1^- = g\bar{I}_{sp} \ln \frac{m_{10} + m_{b0} + m_L}{m_{1f} + m_{bf} + m_L} \tag{5.13}$$

となる．ここで，m_{b0}, m_{bf} はそれぞれブースターの初期および終期質量を表す．そして，分離直後からはその時点での初期全備質量と終期全備質量を使って，その後の速度増分を(5.8)式で計算すればよい．つまり，第1段の燃焼過程における速度増分を計算するには，補助ロケットブースター分離までと，それ以後とに分けて行えばよい．

いずれにせよ，(5.8)式は重力も空気抗力も作用しない自由空間における多段ロケットによる速度増分を表しているので，地上から多段ロケットでペイロードを目標軌道へ打ち上げるとき，地心距離 r での目標軌道における必要速度(これを**ミッション必要速度**という)を v_m，そこまでの重力や空気抗力による速度損失を v_l，地球自転による速度の利得を v_e (内之浦や種子島で真東に打つ場合，約 400 m/s)，さらに軌道遷移のための速度増分を Δv_t とすれば，(5.8)式は

2) 全備質量とは，ペイロード質量を除く第 i 段以上の全質量を意味する．

$$v_m + v_l - v_e + \Delta v_t = g \sum_{i=1}^{n} I_{spi} \ln \frac{m_{i0} + m_L}{m_{if} + m_L} \tag{5.14}$$

と表される．これが，多段ロケットの打ち上げ能力を評価する式である．

5.5　ペイロード能力の簡易評価法

一般に，ロケットの輸送能力，つまり運搬可能な荷物の質量を指して，ロケットの**ペイロード能力**という．ここでは，人工衛星や惑星探査機を打ち上げる多段ロケットのペイロード能力を近似的に見積もる方法を示そう．これは，打ち上げロケットの細部の諸元が未定であったり不明であるような場合に，この問題のエネルギー的側面に着目して推算する方法で，**予備的ミッション解析**の有効な手段にもなっている．

図5.2は，地球を回る人工衛星の楕円軌道を示したものであるが，この近地点と遠地点の地心距離をr_p, r_aとするとき，その近地点での速度v_pは，(2.21b)式より

$$v_p = \sqrt{2\mu\left(\frac{1}{r_p} - \frac{1}{r_p + r_a}\right)}$$

と表される．この式をr_aについて解けば

$$r_a = \frac{r_p}{\dfrac{2\mu}{r_p v_p^2} - 1} \tag{5.15}$$

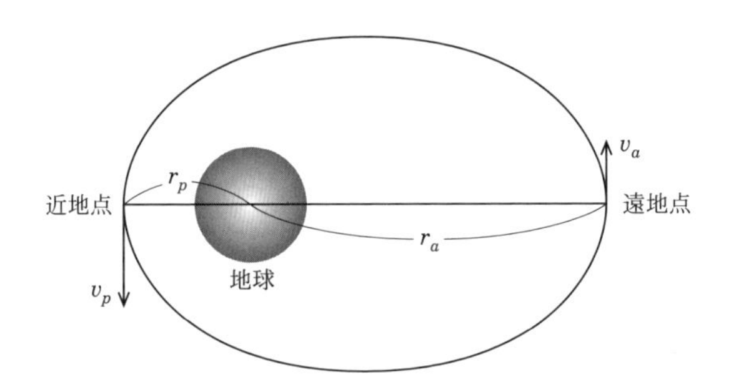

図5.2　人工衛星の楕円軌道

となるから，人工衛星の軌道投入をその近地点で行うとして，(5.15)式の v_p へ(5.14)式から得られる v_m を代入すれば，r_p をパラメーターとして，r_a をペイロード質量 m_L の関数として求めることができる．

次に，惑星探査機を打ち上げる場合を考えよう．その軌道は図5.3に示すように，双曲線となるが，探査機はその近地点で軌道投入するものとすると，その近地点距離 r_p での速度を v_p として，これと打ち上げエネルギー C_3 との関係は(2.29)式と(2.30)式から

$$C_3 = v_p^2 - \frac{2\mu}{r_p} \tag{5.16}$$

となる．したがって，(5.16)式の v_p へ(5.14)式から得られる v_m を代入すれば，ペイロード質量 m_L の関数として打ち上げエネルギー C_3 を見積もることができる．

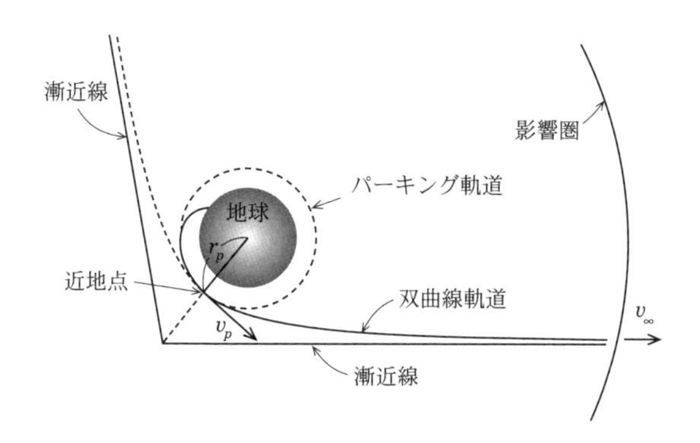

図5.3　地球の影響圏脱出時の双曲線軌道

以下では，上で得られた各式をもとに，わが国のH-ⅡBロケットとアメリカのアトラスV551ロケットの人工衛星や惑星探査機の打ち上げ能力を推算してみよう．

付録CにあるH-ⅡBロケットとアトラスV551ロケットの性能諸元をもとに，打ち上げ**シーケンス**[3]を考慮して性能計算仕様を作成すると表5.1，表

3)　シーケンスとは，ロケットが地表から発射されて，そのペイロードを目標軌道へ投入するまでの各時点で行うべき動作(イベント)の一連の流れをいう．図6.7を参照．

表 5.1 H-ⅡB ロケットの性能計算仕様

項目＼段	固体ロケットブースター分離前第1段	固体ロケットブースター分離後第1段	第2段
初期全備質量(t)	531.2	167.62	20
終期全備質量(t)	209.82	44.2	3.4
比推力(s)	413.2	440	448
衛星フェアリング(t)	3.2 (固体ロケットブースター分離後第1段燃焼中に投棄)		

表 5.2 アトラス V551 ロケットの性能計算仕様

項目＼段	固体ロケットブースター分離前第1段	固体ロケットブースター分離後第1段	第2段
初期全備質量(t)	537.36	227.66	22.96
終期全備質量(t)	248.06	48.86	2.13
比推力(s)	348.19	337.8	451
衛星フェアリング(t)	5.0 (固体ロケットブースター分離後第1段燃焼中に投棄)		

5.2のようになる．また，軌道投入点までの速度の損失と利得の和 $v_l - v_e$ は，飛翔経路の形状，軌道投入点高度，$\dfrac{\text{推力}}{\text{全質量}}$ の値，および発射点の緯度などによって異なるが，H-ⅡB ロケットでは高度 250 km までに 2255 m/s，アトラス V551 ロケットでは高度 185 km までに 1500 m/s と推定する[4]．

さらに，静止衛星を打ち上げるときの(5.14)式の使用において，ここでは静止遷移軌道へ投入することを念頭に，実際とは異なるが，低軌道(高度 250 km で円速度 7.755 km/s，および 185 km で 7.793 km/s)の段階で軌道面変更を行うものとして(3.8)式からそのための増速量 Δv_t を計算しておく．この場合，わが国とアメリカで採用している静止遷移軌道の軌道傾斜角はそれぞれ 28.3°, 27.0° で，射場を含む軌道面と静止遷移軌道のそれとの差はそれぞれ 30.4°−28.3° = 2.1° および 28.5°−27.0° = 1.5° (28.5° はフロリダ州ケープカナベラルの緯度)であるから，軌道面変更のための増速量は，それぞれ

$$\Delta v_t = 2\times 7.755 \sin\frac{2.1^\circ}{2} \cong 0.284 \text{ km/s}$$

$$\Delta v_t = 2\times 7.793 \sin\frac{1.5^\circ}{2} \cong 0.204\ \mathrm{km/s}$$

となる．以上のような値をもとにロケットのペイロード能力を計算すると，図 5.4 のようになる．ここからわかるように，静止遷移軌道(GTO)へは H-ⅡB ロケットで約 8.2 t が，アトラス V551 ロケットでは約 8.8 t が打ち上げ可能である．

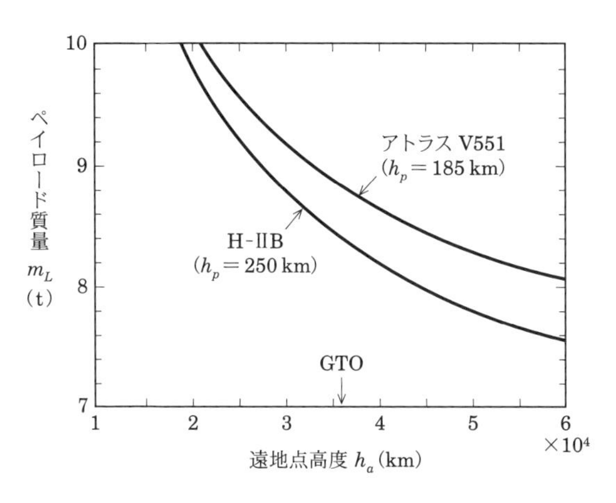

図 5.4 人工衛星打ち上げ能力

また，惑星探査機を打ち上げるときのペイロード能力は，(5.14)式で $\Delta v_t = 0$ として計算でき，図 5.5 のようになる．ここから，H-ⅡB ロケットでは，金星と火星の探査にそれぞれ約 5.9 t と約 5.8 t が，水星と木星の探査にそれぞれ約 2.8 t と約 1.1 t が確保できることがわかる．また，アトラス V551 ロケットでは，金星と火星の探査にそれぞれ約 6.4 t と約 6.3 t が，水星と木星の探査にそれぞれ約 3.6 t と約 2.0 t が確保できることになる．

アトラス V551 ロケットは，2006 年 1 月の冥王星探査機ニューホライズンズの打ち上げに使用されたのが最初である．つづいては 2011 年 8 月打ち上げの木星探査機ジュノー，そして 2012 年 12 月には軍事通信衛星の静止軌道

4) p. 071 の脚注 1)の文献を参照．

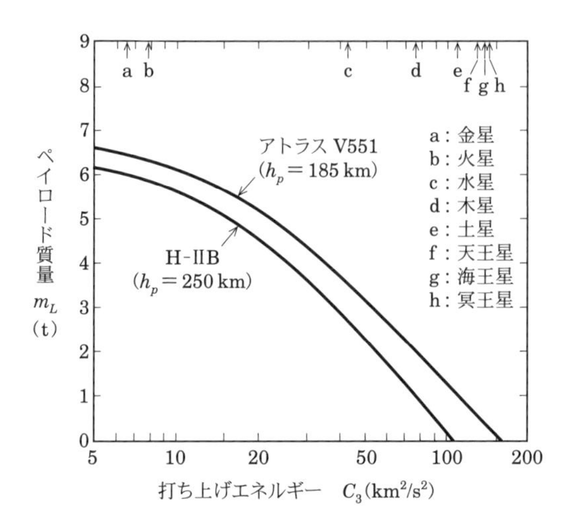

図 5.5 惑星探査機打ち上げ能力

への打ち上げに使用された．

一方，H-IIB ロケットは，設計思想として国際宇宙ステーションへ食料や資材などを輸送することを目的に開発されたので，惑星探査機の打ち上げに使用されたことはない．しかし，アトラス V551 ロケットの能力に匹敵する H-IIB ロケットを利用すれば，外惑星やその衛星探査などの広範な宇宙科学の研究に寄与するであろうことが推察できる．

第6章

惑星間飛行

宇宙飛行の醍醐味は，惑星や準惑星，さらに小惑星や彗星などといったさまざまな天体の探査を目的とした惑星間飛行にあるといえよう．ここでは，実際の惑星間遷移軌道の特性を概観し，さらに簡単にスウィングバイの原理を説明する．そののち，冥王星およびカイパーベルト天体(太陽系外縁天体)の探査を目的としたニューホライズンズミッションを例にとり，その軌道を数値的に検討する．

6.1 惑星間遷移軌道の一般的特性

地球から目標天体へ向けて探査機を打ち上げるときの最大の制約は，現時点で我々が保有する打ち上げロケットの加速能力，つまりペイロード能力に一定の限界があることである．5.5節に掲げた図5.5は，わが国のH-ⅡBロケットとアメリカのアトラスV551ロケットの惑星探査機打ち上げ能力を示したものであるが，打ち上げエネルギーC_3が増加すると，惑星間遷移軌道へ投入できるペイロード質量m_Lが急速に減少する．つまり，C_3とm_Lは互いに相反する関係にあることがわかる．

一方，表6.1は，地球から目標天体へ探査機を送るとしたときの惑星間遷移軌道への打ち上げエネルギーC_3の最小値を示したものである．ただし，天体はすべて黄道面内にあり，かつ円軌道を運動しており，探査機は地球からホーマン遷移軌道により目標天体へ至ると仮定している．実際の値は目標天体の軌道傾斜角や地球と目標天体との相対的位置関係などにより数%～数

表 6.1　目標天体への打ち上げエネルギー

天体名	水星	金星	火星	木星	土星	天王星	海王星	冥王星
C_3(km^2/s^2)	42	6	8	76	106	127	136	140

十%程度大きくなる.

この表から，目標天体が地球から相対的に遠くなると C_3 が増加することが読みとれる.

以上のことを考慮すると，地球から目標天体へ探査機を打ち上げる場合，原理的には無数の惑星間遷移軌道が存在するが，ここで重要な条件は，各目標天体ごとに要求される打ち上げエネルギー C_3 がロケットの打ち上げ能力を上回っていないことである.

一つ，参考例を掲げてみよう．図 6.1 は，2004 年から 2005 年にかけて，地球から木星へ向け直接探査機を送り込む場合の C_3 の等高線を示したものである．C_3 の最小値が二か所存在することが読みとれ，それぞれ 2004 年 12 月 17 日出発の $C_3 = 82.2\ \mathrm{km^2/s^2}$（図 6.1 右下側の等高線の中心部）と，2004 年 12 月 21 日出発の $C_3 = 76.4\ \mathrm{km^2/s^2}$（図 6.1 左上側の等高線の中心部）である．木星到着日は前者が 2007 年 5 月 10 日，後者は 2008 年 2 月 15 日である．前者と後者の違いは前者の方が 9 か月ほど飛行時間が短いことである．この飛行時間の短い方を“タイプ 1”，長い方を“タイプ 2”と呼んでいる．例えば，アトラス V551 ロケットで 1.5 t のペイロード質量を確保するとしよう．

図 5.5 から打ち上げエネルギーの上限値は $C_3 = 90\ \mathrm{km^2/s^2}$ と求まるから，図 6.1 よりタイプ 1 の軌道の場合で見ると，2004 年 12 月 5 日から 2005 年 1 月 10 日までの 37 日間が，いわゆる**打ち上げ窓**と呼ばれる期間となり，この間だけが打ち上げ可能になる.

ここからわかるように，惑星探査で要求されるペイロード質量 m_L と惑星間遷移軌道から決まる打ち上げエネルギー C_3 との間に，どこか妥協点を探る問題が発生することになる.

こうした打ち上げの機会は地球と目標天体との**会合周期**[1)]ごとに現れるこ

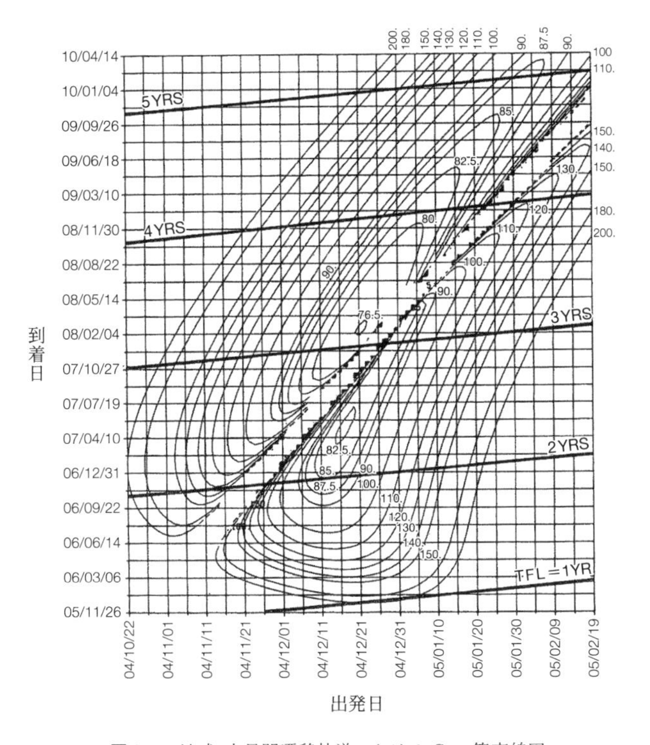

図 6.1　地球-木星間遷移軌道における C_3 の等高線図

とが知られており，いつでも打ち上げが可能ということではない.

また，打ち上げエネルギー最小の軌道として，出発時の地球と到着時の目標天体が太陽を挟んで遷移角 180° の位置にあるときの両者を結ぶホーマン遷移軌道が知られているが，これは地球と目標天体の軌道面が一致し，さらに天体暦に依存しない2次元問題の場合に存在するのであって，実際の場合には非現実的であることが理解されよう．3次元問題ではまったく様相を異にし，図 6.1 からわかるように，タイプ1の軌道群とタイプ2の軌道群が高いエネルギーの壁を隔てて分かれており，そそり立つ壁と壁の間が遷移角 180° の場合に対応している．これは地球と木星の軌道面が不一致であるこ

1）ここでの会合周期とは，太陽，探査機打ち上げ時の地球，および探査機到着時の目標天体の三者が適切な相対位置にくる周期を意味する.

とに起因するもので，当然，打ち上げは困難であることは即座に理解される．

このように，惑星探査機の打ち上げにはいくつかの障害があるが，これをいくらかでも緩和することを目的に考案されたのが，惑星の重力を利用して太陽に対する速度を増加または減少させる，いわゆる**スウィングバイ**と呼ぶ飛行技術である．この飛行方法では，ロケットのペイロード質量と惑星間遷移軌道の選択に大きな自由度をもたらす反面，一方で飛行時間が長期間にわたるという難点がある．しかし，現在では後者の特性はほとんど問題視されることはなく，むしろ積極的にスウィングバイを利用する傾向にある．

6.2 スウィングバイ

図 6.2 は，探査機が惑星の影響圏を通過するときの様子を示したものであるが，通過経路には（a）惑星の背後を通るものと，（b）前面を通るものの二種類がある．影響圏内では惑星の重力を強く受けるので，探査機の軌道は大きく曲げられる結果，影響圏進入時と脱出時の太陽に対する探査機の速度ベクトルが変化する．図の右に示した速度ベクトル図がそれである．ここから，惑星の背後を通過すると加速され，前面を通過すると減速されることがわかる．

そこで，惑星をスウィングバイすることでどの程度の利得があるのかを見ておこう．それを示すのが図 6.3 である．惑星の影響圏進入時の双曲線余剰速度 v_∞ に対する最大運動エネルギーの変化 ΔE_m で示してあるが，$\Delta v = \dfrac{\Delta E_m}{v_O}$（$v_O$：惑星の公転速度）の関係より，地球や金星の引力ではそれぞれ最大で $\Delta v = 8.0\,\mathrm{km/s}$，$7.4\,\mathrm{km/s}$ の速度増加を見込めることが読みとれる．そして，木星より以遠の飛行に対しては木星の引力が決定的な役割を果たすことも理解できるのである．

このような特性から，打ち上げロケットの能力不足を補う手段として地球スウィングバイや金星スウィングバイが使われるのは，このためである．

以下では，具体的に双曲線となるスウィングバイ軌道の軌道パラメーター a, e, r_p を求めておこう．

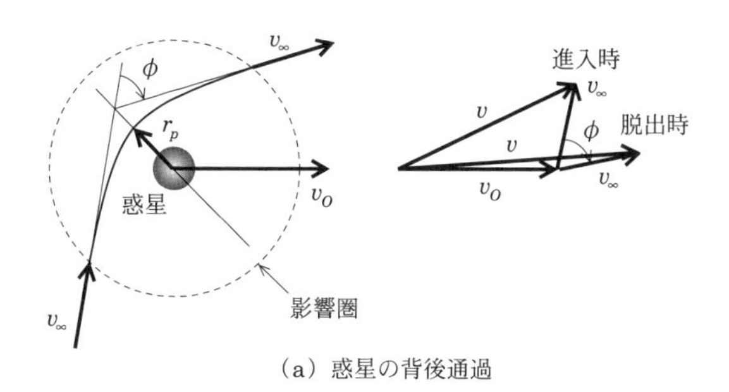

（a）惑星の背後通過

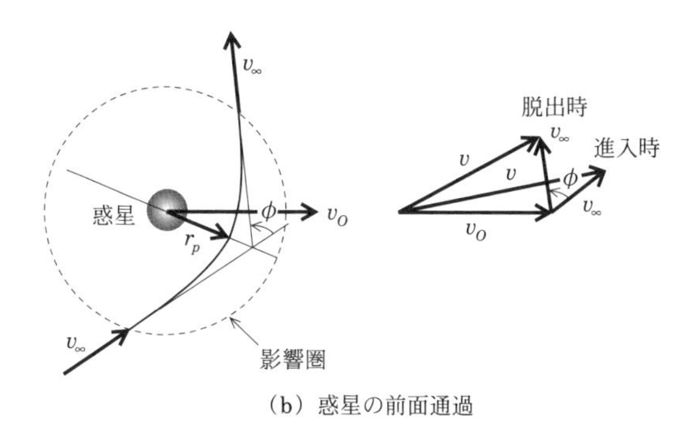

（b）惑星の前面通過

v_O：惑星の公転速度，v：探査機の速度，v_∞：双曲線余剰速度，ϕ：回転角，r_p：最接近距離

図 6.2　惑星のスウィングバイによる加速(a)と減速(b)

惑星の影響圏進入時の双曲線余剰速度を v_∞ とすると，その半交軸 a は(2.28)式より

$$a=\frac{\mu}{v_\infty^2} \tag{6.1}$$

と得られる．ここに，μ は惑星の重力定数である．

また，軌道の離心率 e であるが，それには影響圏への進入方向から脱出方向への回転角 ϕ を利用する(図 6.4)．その脱出点は近似的に無限遠とみなせるから，その真近点離角は $90^\circ+\dfrac{\phi}{2}$ となるので，これを(2.15)式へ代入すれば $\dfrac{l}{1+e\cos\left(90^\circ+\dfrac{\phi}{2}\right)}\rightarrow\infty$ となる．したがって，

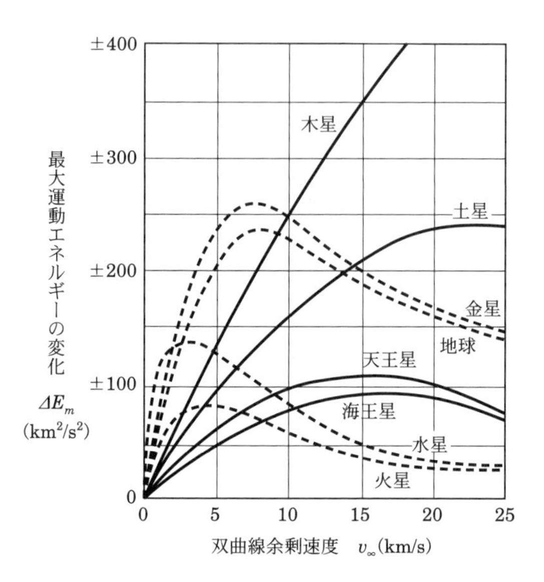

図 6.3 惑星のスウィングバイによる最大運動エネルギーの変化

$$1-e\sin\frac{\phi}{2}=0,$$

ゆえに

$$e=\frac{1}{\sin\dfrac{\phi}{2}} \tag{6.2}$$

と得られる．

さらに，惑星への最接近距離 r_p は(2.17)式に(6.1)式を用いて

$$r_p=\frac{\mu(e-1)}{v_\infty^2} \tag{6.3}$$

となる．

つづいて，影響圏進入時の双曲線余剰速度 v_∞ が，惑星の公転速度となす角 α を求めよう．図 6.4 に示す進入時の速度ベクトルによる三角形に対して，余弦定理を適用すると

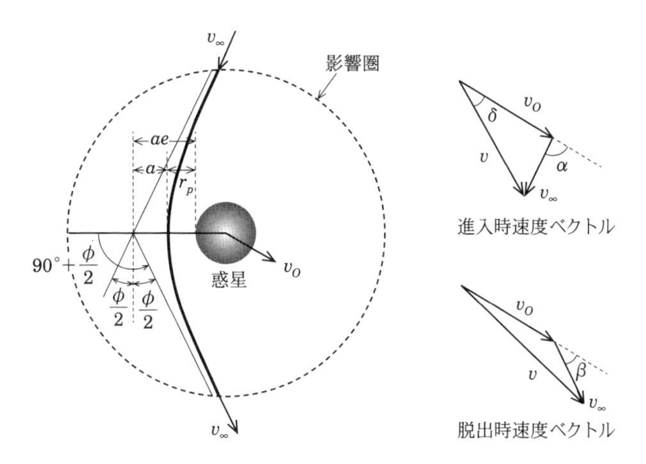

図 6.4　スウィングバイの軌道パラメータと各速度ベクトルの関係

$$
\begin{aligned}
v^2 &= v_O^2+v_\infty^2-2v_O v_\infty \cos(180°-\alpha)\\
&= v_O^2+v_\infty^2+2v_O v_\infty \cos\alpha
\end{aligned}
$$

となるから，この式を α について解けば

$$
\alpha = \cos^{-1}\left(\frac{v^2-v_O^2-v_\infty^2}{2v_O v_\infty}\right) \tag{6.4}
$$

と得られる．したがって，影響圏を出るときの双曲線余剰速度 v_∞ が惑星の公転速度 v_O となす角 β は，図 6.4 を参照しながら

$$
\beta = \alpha \mp \phi \qquad (－：加速時，＋：減速時) \tag{6.5}
$$

と求められる．しかるに，影響圏脱出時の探査機の速度 v は，図 6.4 にある脱出時の速度ベクトルの三角形に三平方の定理を適用して

$$
v = \sqrt{v_O^2+v_\infty^2+2v_O v_\infty \cos\beta} \tag{6.6}
$$

となる．

さらに，経路角 γ を求めよう．探査機と惑星の速度ベクトルのなす角を δ とすると，先の速度ベクトルの三角形に余弦定理を用いれば

$$
v_\infty^2 = v^2+v_O^2-2vv_O \cos\delta
$$

となるから，これより

$$\delta = \cos^{-1}\left(\frac{v^2+v_O^2-v_\infty^2}{2vv_O}\right) \tag{6.7}$$

となる．したがって，この時点での惑星の経路角をγ_Oとすれば，探査機の経路角γは

$$\gamma = \delta+\gamma_O \tag{6.8}$$

と得られる．

6.3 冥王星探査機ニューホライズンズ

6.3.1 打ち上げとミッションの概要

アメリカ東部標準時2006年1月19日14時00分(19時00分世界時(UTC))，冥王星探査機ニューホライズンズは，フロリダ州のケープカナベラル空軍基地第41複合発射施設(CCAFSLC41[2]))からアトラスV551ロケットにより打ち上げられた．図6.5はその打ち上げの模様で，その後，探査機は図6.6にある惑星間遷移軌道をたどる計画である．

図6.5　ニューホライズンズの打ち上げ［©NASA］

人類史上初となるこの冥王星およびカイパーベルト天体の探査では，打ち上げに多大なエネルギーを必要とすることから，今回初の運用となるアトラスV551ロケットで行われた．これまで第1段へ装着する補助ロケットブースターは4本までであったが，今回はじめて5本に増強された．5.5節にある図5.5はその打ち上げ能力を示したものであるが，図6.6にある打ち上げエネルギー$C_3 = 160\,\mathrm{km^2/s^2}$ではペイロード質

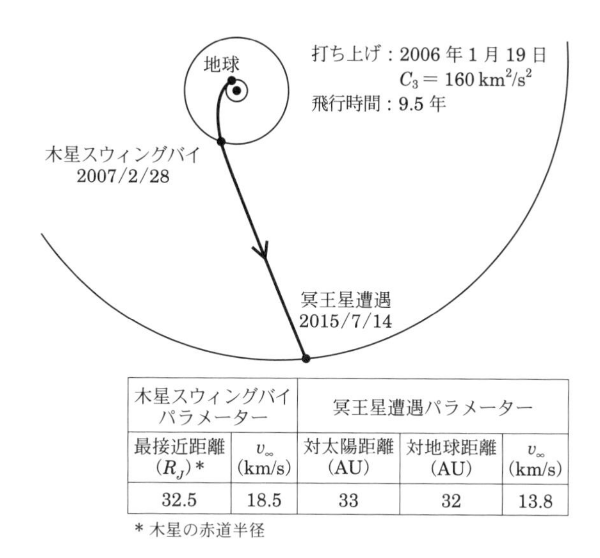

木星スウィングバイパラメーター		冥王星遭遇パラメーター		
最接近距離 (R_J)＊	v_∞ (km/s)	対太陽距離 (AU)	対地球距離 (AU)	v_∞ (km/s)
32.5	18.5	33	32	13.8

＊木星の赤道半径

図 6.6　冥王星探査機ニューホライズンズの惑星間遷移軌道

量はほとんどゼロであることがわかる．この難題を乗り切るために，スター48B と呼ばれる固体燃料ロケットを第 3 段キックモーターとして装備する一方，探査機の質量はぎりぎりまで切り詰められた．それは，探査機が到着する 2015 年 7 月 14 日の時点で，冥王星が地球からおよそ 32 AU の距離にあり，これまでに打ち上げられた探査機の中で最も遠い地点を目指すことにある．

図 6.7 は，打ち上げからパーキング軌道を経て脱出双曲線軌道投入へ至るまでの打ち上げシーケンスを示したものであるが，軌道投入はこれまでにない最高速度 16.093 km/s で行われた．

ピアノほどの大きさの探査機は質量 478 kg（推進剤 77 kg を含む）で（図 6.8），その姿勢安定には惑星間飛行時でスピン安定方式が，惑星接近時では 3 軸制御方式が採用されている．電源には出力約 245 W の放射性同位体熱電発電器が使われ，観測には撮影用の可視光および赤外線カメラや紫外線結像分光計などあわせて 7 種類の測定機器が積み込まれている．計画では，2015 年 7 月 14 日に初めて冥王星に接近し，その表面の高解像度撮影と大気組成

2）Cape Canaveral Air Force Station Launch Complex 41.

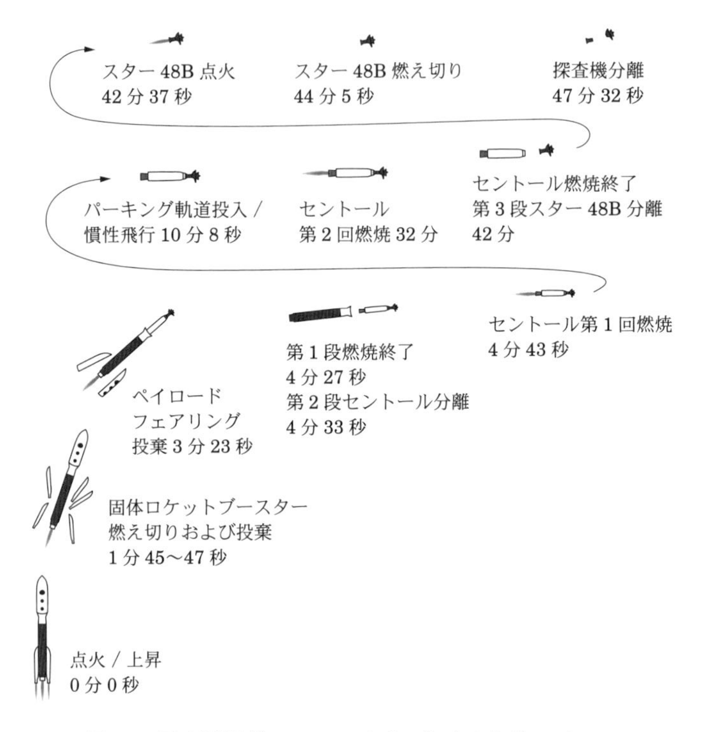

図 6.7 冥王星探査機ニューホライズンズの打ち上げシーケンス

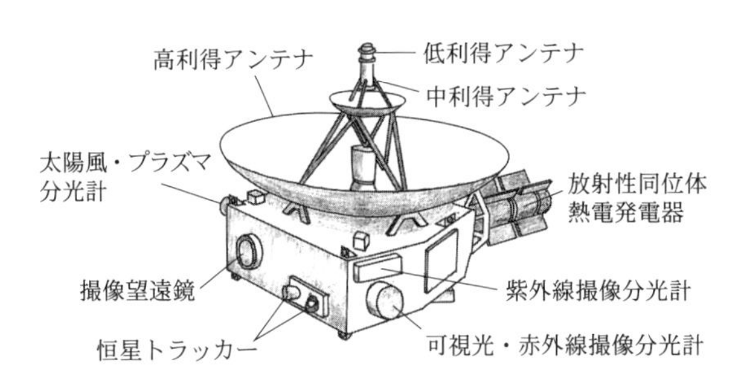

図 6.8 探査機ニューホライズンズ

および天体構造の探査，ならびに太陽風と大気の相互作用の観測，そして探査機と地球の通信電波の間に冥王星とその衛星カロンが入ることによる地球掩蔽時の電波の変調を利用した大気構造の調査，および温度特性と天体質量並びに直径の計測，さらに冥王星周辺での宇宙塵の質量の測定といったことを目的としている．

探査機は，冥王星とその衛星カロンの観測を終えた後は，海王星軌道(30AU)周辺から48〜50 AUあたりまで分布するカイパーベルト天体およびその周辺空間環境の探査を経て，最終的には太陽系を離脱することになる(図6.16参照)．

6.3.2 数値的検討

打ち上げから地球の影響圏脱出まで：公表された値によると，冥王星探査機ニューホライズンズの軌道投入速度は16.093 km/sで，打ち上げエネルギーは$C_3 = 160\ \mathrm{km^2/s^2}$ということである．まず，この後者の値を吟味しよう．

(2.29)式と(2.30)式からv_∞を消去すると

$$v = \sqrt{\frac{2\mu}{r} + C_3} \tag{6.9}$$

を得るが，これより地表での打ち出し速度vを計算してみると

$$v = \sqrt{\frac{2 \times 3.986004 \times 10^5}{6378.137 + 0} + 160} \cong 16.882\ \mathrm{km/s}$$

となる．これは2.4節で述べた第3宇宙速度16.651 km/sを上回っていることから，惑星間遷移軌道は双曲線軌道になることがわかる．

つづいて，軌道投入点高度Hを計算してみよう．地球の赤道半径をRとすると，(6.9)式において$r = R + H$であるから，これを代入した式から

$$H = \frac{2\mu}{v^2 - C_3} - R \tag{6.10}$$

を得るので，軌道投入点高度Hは

$$H = \frac{2 \times 3.986004 \times 10^5}{16.093^2 - 160} - 6378.137 \cong 1675.645\ \mathrm{km}$$

と求まる．

つまり，探査機は地球のパーキング軌道から打ち出されたのち約 12 分間(図 6.7 参照)の加速でその速度は 16.093 km/s に達し，高度 1675.645 km で脱出双曲線軌道へ投入されたということである．その様子を図 6.9 に示す．

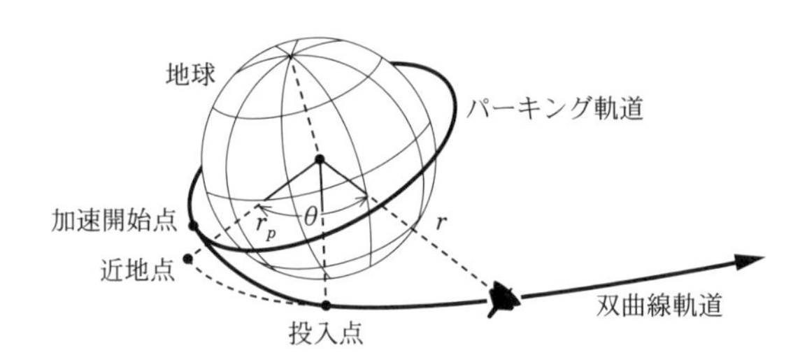

図 6.9 探査機ニューホライズンズの脱出双曲線軌道への投入

次に，地球の影響圏脱出に向けての双曲線軌道について検討しよう．その半交軸 a は，(6.1)式と(2.29)式から v_∞ を消去した式

$$a=\frac{\mu}{C_3} \tag{6.11}$$

から得られて

$$a=\frac{3.986004\times10^5}{160}\cong 2491.253\ \mathrm{km}$$

となる．

つづいて脱出双曲線軌道の離心率 e を求めるのであるが，それには軌道投入点での経路角 γ もしくは近地点高度 H_p のいずれかの値が必要である．これらの値は明らかではないので，木星探査機ジュノーの場合($H_p=260.9$ km)を参考にして，近地点高度を $H_p=261$ km と設定する．すると，(2.17)式より

$$e=1+\frac{r_p}{a} \tag{6.12}$$

と解き直した式から

$$e = 1 + \frac{6378.137 + 261}{2491.253} \cong 3.6650$$

と得られる．

さらに，探査機が地球の影響圏を脱出するまでの飛行時間を計算してみよう．それには(2.44)式をθについて解いた

$$\theta = \cos^{-1}\left[\frac{1}{e}\left\{\frac{r_p(1+e)}{r} - 1\right\}\right] \tag{6.13}$$

から軌道投入点と脱出点の真近点離角θを求める必要がある．脱出双曲線軌道の半交軸は$a = 2491.253$ km，離心率は$e = 3.6650$，近地点高度は$H_p = 261$ km と得られているので，軌道投入点の地心距離 8053.782 km と地球の影響圏半径 9.29×10^5 km から，それぞれ

$$\theta = \cos^{-1}\left[\frac{1}{3.6650} \times \left\{\frac{(6378.137 + 261) \times (1 + 3.6650)}{8053.782} - 1\right\}\right] \cong 39.07°$$

$$\theta = \cos^{-1}\left[\frac{1}{3.6650} \times \left\{\frac{(6378.137 + 261) \times (1 + 3.6650)}{9.29 \times 10^5} - 1\right\}\right] \cong 105.29°$$

と求まる．したがって，(2.43)式より軌道投入点から脱出点までの飛行時間t_Fは，

$$t_F = \sqrt{\frac{2491.253^3}{3.986004 \times 10^5}}\left\{\frac{3.6650\sqrt{3.6650^2 - 1}\sin 105.29°}{1 + 3.6650\cos 105.29°} - \ln\left(\frac{\sqrt{3.6650+1} + \sqrt{3.6650-1}\tan\frac{105.29°}{2}}{\sqrt{3.6650+1} - \sqrt{3.6650-1}\tan\frac{105.29°}{2}}\right)\right\}$$

$$- \sqrt{\frac{2491.253^3}{3.986004 \times 10^5}}\left\{\frac{3.6650\sqrt{3.6650^2 - 1}\sin 39.07°}{1 + 3.6650\cos 39.07°} - \ln\left(\frac{\sqrt{3.6650+1} + \sqrt{3.6650-1}\tan\frac{39.07°}{2}}{\sqrt{3.6650+1} - \sqrt{3.6650-1}\tan\frac{39.07°}{2}}\right)\right\}$$

$\cong$ 18時間22分51秒

となる．地上を離れたのち，パーキング軌道を経て双曲線軌道投入までの所要時間は47分32秒(図6.7参照)であるから，全体では19時間10分13秒ということになる．

この結果からニューホライズンズは，探査機ジュノーのとき(2.7節参照)の $\dfrac{1}{2}$ 以下の時間で影響圏を脱出しており，かなりの高速で飛行していることがうかがえる．実際に，月軌道(半径384400 km)までの飛行時間は約9時間と公表されているが，上と同様の計算では8時間50分54秒と得られて，これときわめてよい一致が見られる．

そして，地球の影響圏脱出時の双曲線余剰速度 v_∞ は，(2.29)式から

$$v_\infty = \sqrt{C_3} \cong 12.649\ \mathrm{km/s}$$

ということである．

地球-木星間遷移軌道：はじめに，地球-木星間遷移軌道の諸パラメーターを推算しよう．それには4.5節で述べた方法が利用できる．地球の日心距離 $r_1 = 1.4720\times10^8$ km[3)]，木星の日心距離 $r_2 = 7.9992\times10^8$ km[3)]，その間の遷移角 $\Delta\theta = 127.57°$，飛行時間 $\tilde{t}_F = 404.448$ 日として付録Fにある反復計算から得られた値は，地球出発時の真近点離角を θ_1，木星遭遇時の真近点離角を θ_2，離心率を e，近日点距離を r_p，半交軸を a として，

$$\theta_1 = -0.40°,\quad \theta_2 = 127.17°,\quad e = 1.0352,\quad r_p = 1.4720\times10^8\ \mathrm{km},$$
$$a = 4.1759\times10^9\ \mathrm{km}$$

である．

したがって，探査機が木星に遭遇するときの速度 v は，$\mu = 1.32712440\times10^{11}\ \mathrm{km^3/s^2}$，$r = 7.9992\times10^8$ km，$a = 4.1759\times10^9$ km を(2.27)式へ代入して

$$v = \sqrt{1.32712440\times10^{11}\times\left(\frac{2}{7.9992\times10^8}+\frac{1}{4.1759\times10^9}\right)} \cong 19.068\ \mathrm{km/s}$$

と求まる．

また，このときの経路角 γ は，$\theta = 127.17°$ として(4.2)式から

$$\gamma = \tan^{-1}\left(\frac{1.0352 \sin 127.17°}{1+1.0352 \cos 127.17°}\right) \cong 65.58°$$

となる．

一方，同時点での木星の経路角は $-2.27°$ と得られいるので(4.2節参照)，探査機と木星の速度方向のなす角は $65.58°-(-2.27°)=67.85°$ となる(図6.10)．

したがって，(4.2節に得られている)この時点での木星の公転速度 12.701 km/s を考慮して，探査機の木星に対する双曲線余剰速度 v_∞ は，図6.10から余弦定理を使って

$$v_\infty = \sqrt{19.068^2+12.701^2-2\times 19.068\times 12.701 \cos 67.85°}$$
$$\cong 18.501 \text{ km/s}$$

となる．

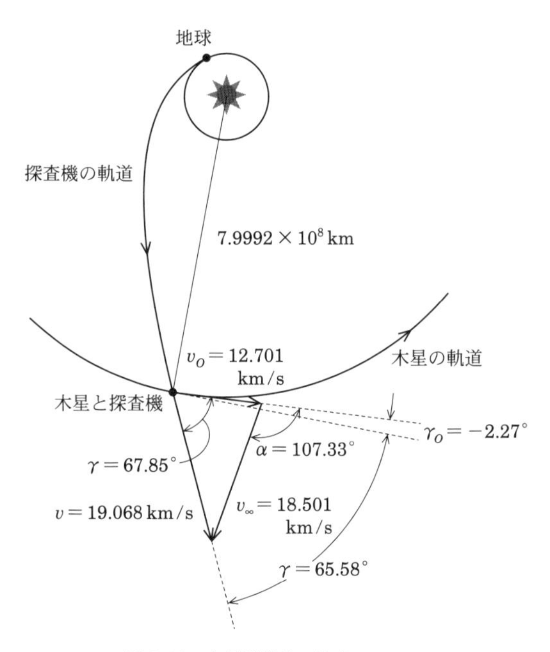

図 6.10　木星遭遇時の速度ベクトル

---

3)　探査機が地球の影響圏脱出までに要する時間での地球の動きは無視する．同様に，探査機が惑星の影響圏内を通過するときも，この間の惑星の運動は無視して考える．

木星スウィングバイ：探査機は，この速度で木星の影響圏へ進入し，図6.2(a)にあるように，木星の背後を通過して軌道を湾曲させながら再び影響圏の外へ脱出することになる(図6.11参照)．これが木星でのスウィングバイである．まず，スウィングバイ軌道の半交軸aを求めよう．木星の重力定数は$\mu=1.267126\times10^8\,\mathrm{km^3/s^2}$(付録B参照)であるから，(6.1)式より

$$a=\frac{1.267126\times10^8}{18.501^2}\cong3.7019\times10^5\,\mathrm{km}$$

となる．

探査機は2007年2月28日5時45分世界時(UTC)に，衛星カリストの軌道のすぐ外側の木星の表面[4]から$2.25302\times10^6\,\mathrm{km}$の距離まで最接近した．ここが近木点となるが，木星の赤道半径$R_J=71492\,\mathrm{km}$を考慮するとき，探査機の近木点での速度v_pは(2.30)式から

$$v_p=\sqrt{\frac{2\times1.267126\times10^8}{71492+2.25302\times10^6}+18.501^2}\cong21.244\,\mathrm{km/s}$$

と求まり，公表された値にきわめて近い値となっている．

また，軌道の離心率eであるが，(6.12)式から

$$e=1+\frac{71492+2.25302\times10^6}{3.7019\times10^5}\cong7.2792$$

と十分大きな値を得て，軌道の形状は図6.11に示すようなわずかに弓形に反ったものになる．

こうして最接近を果たした後は，木星から次第に遠ざかる動きをしながらその影響圏を脱出することになるが，このときの探査機の進入方向から脱出方向への回転角ϕを求めると(6.2)式から

$$\phi=2\sin^{-1}\left(\frac{1}{e}\right)\tag{6.14}$$

であるので，この式より

$$\phi=2\sin^{-1}\left(\frac{1}{7.2792}\right)\cong15.79°$$

と求まる．

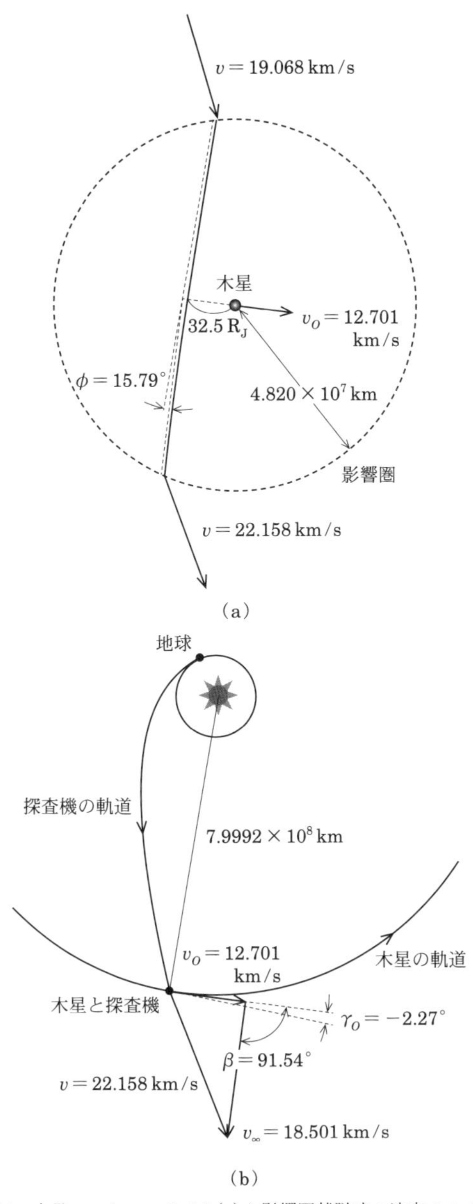

図 6.11　木星のスウィングバイ(a)と影響圏離脱時の速度ベクトル(b)

4)　巨大ガス惑星では，大気圧が 1000 hPa，つまりほぼ 1 気圧となる位置をその表面と定めている．

さらに，影響圏内の飛行時間 t_F を計算してみよう．木星の影響圏半径は，4.820×10^7 km(付録 B 参照)であるから，(6. 13)式より脱出点の真近点離角 θ を求めると

$$\theta=\cos^{-1}\left[\frac{1}{7.2792}\left\{\frac{(71492+2.25302\times10^6)(1+7.2792)}{4.820\times10^7}-1\right\}\right]\cong94.74^\circ$$

となる．したがって，近木点から脱出点までの飛行時間 $\dfrac{t_F}{2}$ は(2. 43)式から

$$\frac{t_F}{2}=\sqrt{\frac{(3.7019\times10^5)^3}{1.267126\times10^8}}\left\{\frac{7.2792\sqrt{7.2792^2-1}\sin94.74^\circ}{1+7.2792\cos94.74}\right.$$

$$\left.-\ln\left(\frac{\sqrt{7.2792+1}+\sqrt{7.2792-1}\tan\dfrac{94.74^\circ}{2}}{\sqrt{7.2792+1}-\sqrt{7.2792-1}\tan\dfrac{94.74^\circ}{2}}\right)\right\}$$

$\cong$ 29 日 13 時間 36 分 41 秒

と求まるので，影響圏内の飛行時間はこれを 2 倍して

t_F = 59 日 3 時間 13 分 22 秒

となる．つまり，約 2 か月を要するということである．

ここで少し話を戻して，木星の影響圏進入時の双曲線余剰速度方向と木星の公転速度方向とのなす角 α を求めよう．これは，(6. 4)式より

$$\alpha=\cos^{-1}\left(\frac{19.068^2-12.701^2-18.501^2}{2\times12.701\times18.501}\right)\cong107.33^\circ$$

となるから，脱出時の双曲線余剰速度方向の木星の公転速度方向となす角 β は，(6. 5)式より

$$\beta=107.33^\circ-15.79^\circ=91.54^\circ$$

と得られる(図 6. 11)．したがって，探査機の影響圏脱出時の速度 v は，(6. 6)式から

$$v=\sqrt{12.701^2+18.501^2+2\times12.701\times18.501\cos91.54^\circ}\cong22.158\ \text{km/s}$$

となる．すなわち，木星をスウィングバイすることにより，太陽に対する速度は $22.158-19.068=3.090$ km/s，つまり約 3 km/s 増加したことになる．こ

うして，探査機ニューホライズンズは，最初の目的地“冥王星”に向けて加速したのである．

木星-冥王星間遷移軌道：さて，ここに得られた速度22.158 km/sのもつ意味を考えてみよう．というのは，この値が，木星軌道の位置での太陽系脱出速度とどのような関係にあるか，ということである．この時点での木星の日心距離は$r = 7.9992 \times 10^8$ kmで，太陽の重力定数は$\mu = 1.32712440 \times 10^{11}$ km^3/s^2であるから，太陽からの脱出速度v_eは(2.25)式より

$$v_e = \sqrt{\frac{2 \times 1.32712440 \times 10^{11}}{7.9992 \times 10^8}} \cong 18.216 \text{ km/s}$$

と得られる．つまり，先の値は十分に脱出速度を超えていることが示され，木星-冥王星間遷移軌道も双曲線になるということである．

さて，木星-冥王星間遷移軌道の諸パラメーターであるが，ここでも4.5節で述べた方法で推算しよう．$r_1 = 7.9992 \times 10^8$ km，$r_2 = 4.9171 \times 10^9$ km，$\Delta\theta = 35.97°$，$\tilde{t}_F = 3058.2535$ 日として付録Fにある反復計算を実行した結果は，木星離脱時の真近点離角をθ_1，冥王星遭遇時の真近点離角をθ_2，離心率をe，近日点距離をr_p，半交軸をaとして，

$$\theta_1 = 91.94°, \quad \theta_2 = 127.91°, \quad e = 1.3750, \quad r_p = 3.2112 \times 10^8 \text{ km},$$
$$a = 8.5629 \times 10^8 \text{ km}$$

と得られる．

したがって，探査機ニューホライズンズが最初の目的地冥王星に接近するときの速度vは，$r = 4.9171 \times 10^9$ km，$a = 8.5629 \times 10^8$ kmを(2.27)式に代入して

$$v = \sqrt{1.32712440 \times 10^{11} \times \left(\frac{2}{4.9171 \times 10^9} + \frac{1}{8.5629 \times 10^8}\right)}$$
$$\cong 14.456 \text{ km/s}$$

となる．

また，このときの経路角γは，$\theta = 127.91°$として(4.2)式から

$$\gamma = \tan^{-1}\left(\frac{1.3750 \sin 127.91^\circ}{1+1.3750 \cos 127.91^\circ}\right) \cong 81.86^\circ$$

となる．

一方，同時点での冥王星の経路角は10.68°と求められている(4.2節参照)ので，探査機と冥王星の速度方向のなす角は81.86°−10.68° = 71.18°となる(図6.12)．したがって，(4.2節で求めておいた)この時点での冥王星の公転速度5.642 km/sを考慮して，探査機の冥王星に対する双曲線余剰速度v_∞は，図6.12から余弦定理を使って

$$v_\infty = \sqrt{14.456^2+5.642^2-2\times14.456\times5.642\cos 71.18^\circ}$$
$$\cong 13.718\ \mathrm{km/s}$$

と得られる．さらに，冥王星の影響圏進入時の双曲線余剰速度方向と冥王星の公転速度方向のなす角αは，(6.4)式から

$$\alpha = \cos^{-1}\left(\frac{14.456^2-5.642^2-13.718^2}{2\times5.642\times13.718}\right) \cong 94.09^\circ$$

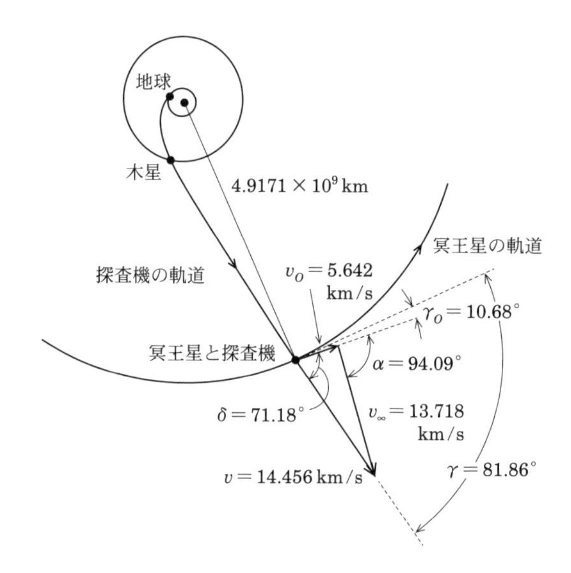

図6.12 冥王星遭遇時の速度ベクトル

と求まる．このあと探査機は，直ちに冥王星の影響圏へ進入することになる．

冥王星接近通過：影響圏へ進入した探査機は，次第にその速度を速めて冥王星へその中心から13695 kmまで最接近し，さらにその14分後に今度は衛星カロンへその中心から29451 kmまで最接近するという双曲線軌道をたどった．図6.13はそのときの模様を示したもので，また図6.14は最接近直前時(2015年7月13日，冥王星まで768000 kmの地点)の冥王星をとらえた画像である．このとき最接近点はカロンの軌道の内側に設定されたが，それは探査機打ち上げ後に，冥王星の衛星としてすでに知られたカロンと2衛星のほかに，それらの外側を公転する二つの衛星の存在が判明したことによる．衛星周辺には微粒子が漂い衝突の危険があることと，カロンの軌道の内側はその重力で微粒子が取り除かれていると考えられることから，そこを通過するのが最適であると判断されたのである．つまり，探査機の行く手に障害物が存在しないということが最優先された．こうして探査機は冥王星の進行方向前面を左下前方から右上後方へ横切るように通過して，その影響圏から離脱する経路をたどることになった．

まず，冥王星近傍をすり抜けるときの双曲線軌道の半交軸aを求めよう．冥王星の重力定数は$\mu = 1.020865 \times 10^3\ \mathrm{km^3/s^2}$であるから，(6.1)式より

$$a = \frac{1.020865 \times 10^3}{13.718^2} \cong 5.466\ \mathrm{km}$$

となる．

探査機は2015年7月14日11時49分57秒世界時(UTC)に冥王星の中心から13695 kmの距離まで最接近したが，このときの速度v_pは(2.30)式から

$$v_p = \sqrt{\frac{2 \times 1.020865 \times 10^3}{13695} + 13.718^2} \cong 13.723\ \mathrm{km/s}$$

と求まり，公表された値(図6.13参照)にほぼ近似している．

また，軌道の離心率eであるが，(6.12)式から

$$e = 1 + \frac{13695}{5.466} \cong 2506.5$$

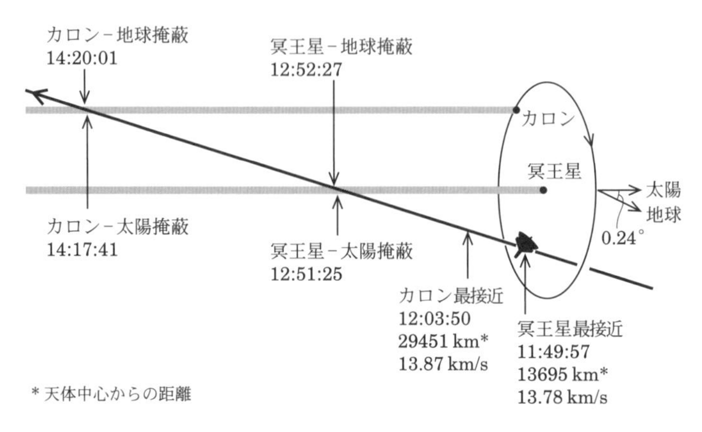

図 6.13　冥王星とカロンへ最接近する冥王星探査機ニューホライズンズ

図 6.14　最接近直前の冥王星
［©NASA/JHU-APL］

と得られる．これはきわめて大きな値で，軌道の形状はほとんど直線と見ることができる．このとき，冥王星への最接近で生じる軌道の回転角 ϕ を計算してみると，(6.14)式から

$$\phi = 2\sin^{-1}\left(\frac{1}{2506.5}\right) \cong 0.046^\circ$$

と求まり，ほとんど回転が生じていないことがわかる(図6.15)．

つづいて，影響圏内の飛行時間 t_F を計算してみよう．冥王星の影響圏半径は 3.21×10^6 km (付録B参照)であるから，(6.13)式より脱出点の真近点離角 θ を求めると

$$\theta = \cos^{-1}\left[\frac{1}{2506.5}\left\{\frac{13695\times(1+2506.5)}{3.21\times10^6}-1\right\}\right] \cong 89.78^\circ$$

となる．したがって，近冥点から脱出点までの飛行時間 $\frac{t_F}{2}$ は(2.43)式から

$$\frac{t_F}{2} = \sqrt{\frac{5.466^3}{1.020865\times10^3}}\left\{\frac{2506.5\sqrt{2506.5^2-1}\sin 89.78^\circ}{1+2506.5\cos 89.78^\circ}\right.$$

$$\left. -\ln\left(\frac{\sqrt{2506.5+1}+\sqrt{2506.5-1}\tan\dfrac{89.78^\circ}{2}}{\sqrt{2506.5+1}-\sqrt{2506.5-1}\tan\dfrac{89.78^\circ}{2}}\right)\right\}$$

$\cong$ 2日17時間41分50秒

となるので，影響圏内の飛行時間はこれを2倍して

t_F = 5日11時間23分40秒

と得られる．つまり，約5.5日を要するということである．

次に，影響圏脱出時の双曲線余剰速度方向と冥王星の公転速度方向のなす角 β であるが，図6.15から

$$\beta = \alpha + \phi = 94.09^\circ + 0.046^\circ = 94.14^\circ$$

と得られる．したがって，探査機の影響圏脱出時の速度 v は，(6.6)式より

$$v = \sqrt{5.642^2+13.718^2+2\times5.642\times13.718\cos 94.14^\circ}$$

$$\cong 14.451\ \text{km/s}$$

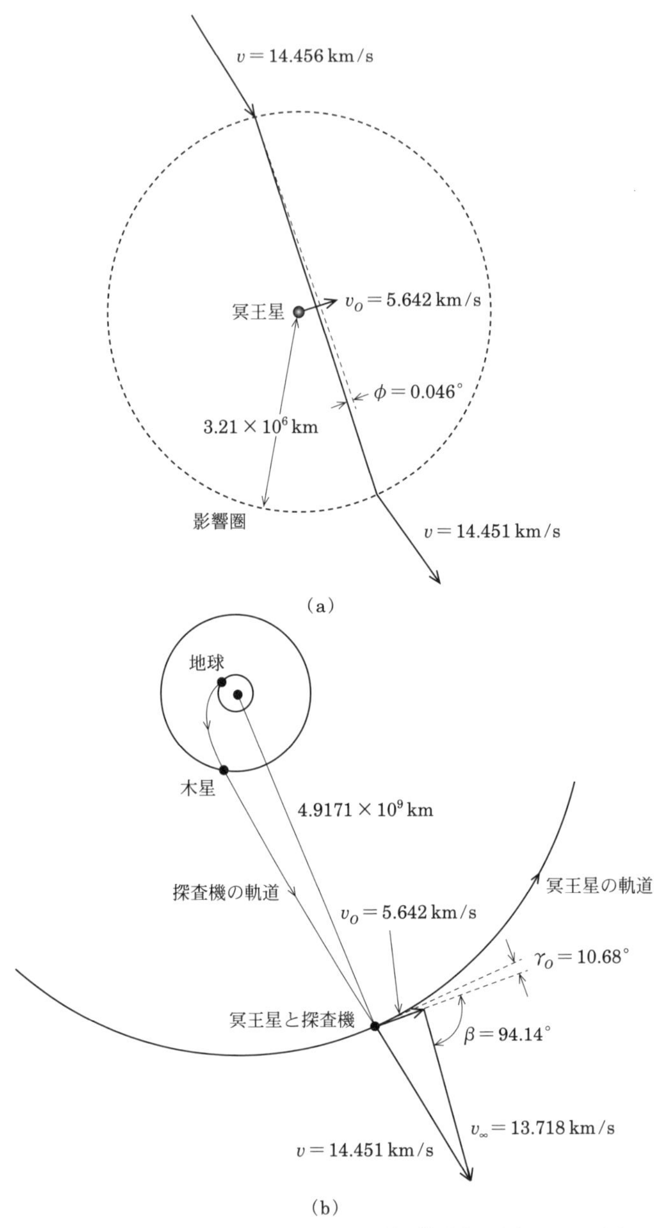

図 6.15 冥王星のスウィングバイ(a)と影響圏離脱時の速度ベクトル(b)

と求められる．このときは，図 6.15 からわかるように図 6.2(b)に示す減速の場合になるので，冥王星をスウィングバイすると太陽に対する速度は $14.451-14.456=-0.005\ \mathrm{km/s}=-5\ \mathrm{m/s}$ の増速，つまり 5 m/s 減速したことになる．しかし，この位置での太陽系脱出速度を計算してみると，(2.25)式から

$$v_e=\sqrt{\frac{2\times1.32712440\times10^{11}}{4.9171\times10^{9}}}\cong7.347\ \mathrm{km/s}$$

と得られて，その約2倍の速度をもっていることがわかる．

冥王星通過後：探査機ニューホライズンズは，冥王星の影響圏脱出後，その先に待ち構えるカイパーベルト天体である 2014MU69（アロコス，旧称：ウルティマ・トゥーレ）との遭遇を 2019 年 1 月 1 日に達成している(図 6.16)．

カイパーベルト天体は，太陽系形成時に何らかの理由で惑星まで成長せずに残っている微惑星や原始惑星もしくはその破片と考えられるようになり，その意味で原始太陽系の化石ととらえられている．近年，冥王星はこの一群に属する一天体と位置づけられるに至り，太陽系形成時を知る手がかりになると考えられることから，その探査の意義が高まりつつある．2017 年の時点

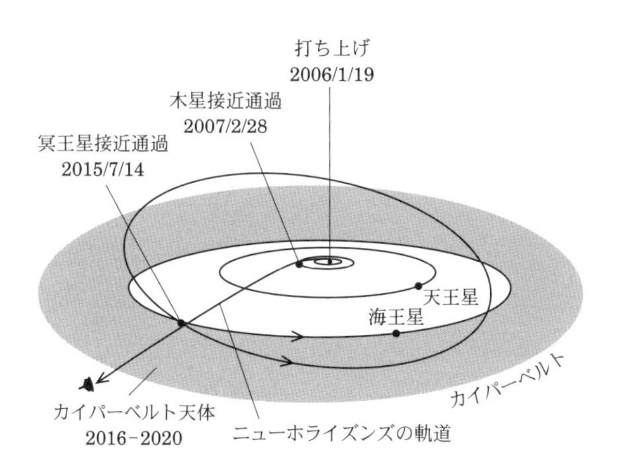

図 6.16　探査機ニューホライズンズの惑星間軌道と木星，冥王星およびカイパーベルト

で，冥王星とその衛星カロンおよび周辺空間に関する観測データはほぼ1年をかけて送信されて，その後のデータ解析の結果から新たな発見や課題が明らかにされつつある．

6.4 追憶：ガリレオ計画

ここでは，スウィングバイ技術が地球からの打ち上げエネルギーC_3の低減に大きく貢献し，さらには木星の4つのガリレオ衛星(イオ，エウロパ，ガニメデ，カリスト)を次々に探査するにあたりスウィングバイ技術が積極的に応用された最初の事例として，1989年10月から2003年9月までの13年11か月にわたって実施された**ガリレオ計画**について見ておこう．

6.4.1 探査機ガリレオ

探査機ガリレオは総重量2562 kgで，木星周囲の軌道を回る重量2223 kgの周回機と木星の大気に進入する重量339 kgの降下機から構成され，また機体の姿勢保持には二重スピン安定方式が採用されている．図6.17にガリレオの機体外観を示すが，周回機は非回転部と回転部の二つのモジュールから構成され，回転部には姿勢安定のために3.5 rpmのスピンがかけられている．

周回機は木星の大気循環と大気力学，上層大気と電離層，さらにガリレオ衛星の形状や組成，地質，物理的特性，重力場や磁場の力学的特性，木星磁気圏とガリレオ衛星との相互作用などの観測を任務とし，非回転部にリモート・センシング機器として，電荷結合素子カメラ，近赤外精査分光計，結像偏光計／輻射計，紫外線分光計の4種類，回転部に磁場や放射線帯，荷電粒子の測定器として，磁力計，プラズマ検出器，プラズマ波検出器，エネルギー粒子検出器，星間塵検出器の5種類の合計9種類の観測器を搭載している．また，降下機は木星大気の温度，気圧，大気組成，雲の粒子組成，大気中のエネルギー輸送，雷やオーロラなどの空電現象を観測するために，大気構造測定器，中性質量分光計，ヘリウム存在量検出器，雲粒子組成測定器，エネルギー流量測定器，空電放射／エネルギー粒子検出器の6種類の観測機を搭載している．

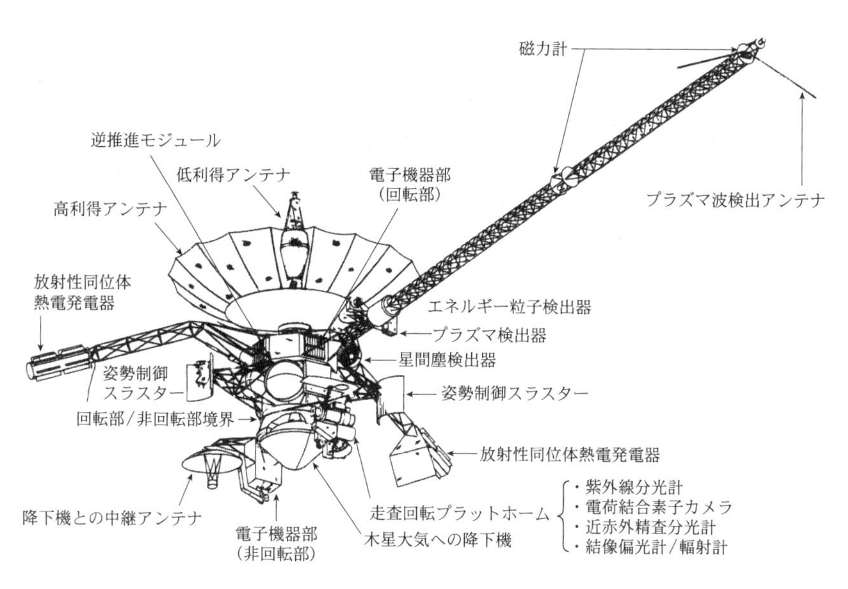

図 6.17　探査機ガリレオ

6.4.2 惑星間飛行計画

探査機ガリレオは，当初1982年にスペースシャトルを使って打ち上げられる予定であった．しかし，スペースシャトルの開発の遅れで打ち上げは1984年まで延期となり，その間にスペースシャトルの貨物室に搭載する加速用ロケットの能力変更，経済情勢の変化による議会での予算の非承認，そしてその後の復活などのあおりを受けて，打ち上げは1986年5月にずれこんだ．そして打ち上げが迫った1986年の1月28日にスペースシャトル・チャレンジャーの爆発事故が発生し，打ち上げはまたも大幅に延期されることになった．

こうした一連の動きのなかで飛行計画も次々に変更を余儀なくされ，各時点での最適な飛行経路として直接木星へ至るコースのほかに，火星や金星，さらに地球のスウィングバイを利用するコースが検討された(図6.18)．このような技術的また経済的な環境の変化に対して軌道設計の面で柔軟に対応

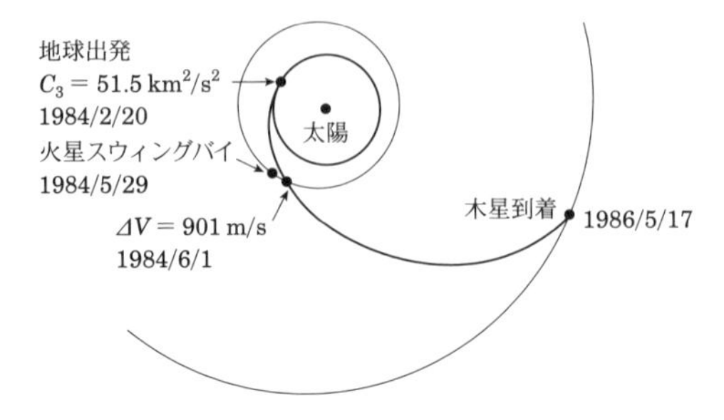

1984年火星推力スウィングバイによる軌道

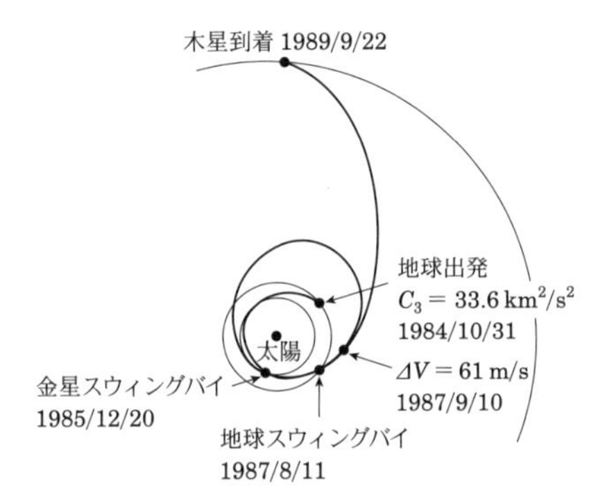

1984年 VEGA による軌道

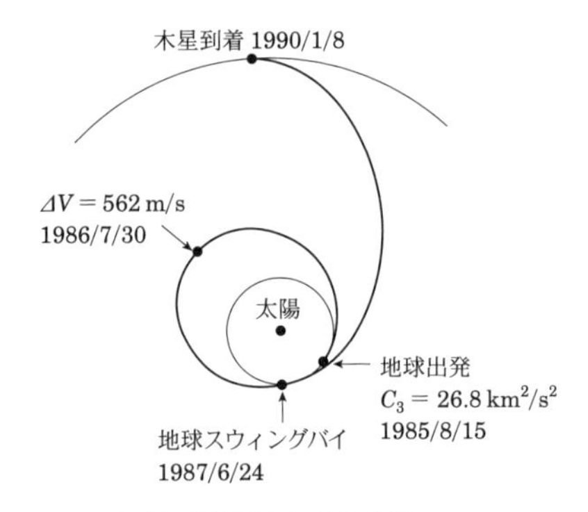

1985年 ΔV–EGA による軌道

図 6.18 木星への各種惑星間軌道

できたのは，スウィングバイ技術の積極的な適用にあるといえる.

このような多くの紆余曲折を経て探査機ガリレオは，1989年10月18日にスペースシャトル・アトランティスによって高度300 kmの地球周回軌道に運ばれたのち，軌道上から2段式慣性上段ロケットによって加速され，金星に向けて打ち出された．打ち上げエネルギーC_3は12.96 km^2/s^{2}で，金星へ送り込むだけのエネルギーを満たすのみであった.

当初の1986年5月打ち上げの飛行計画では，探査機ガリレオは地球から木星へ直接送り込むよう計画され，そのための手段として，スペースシャトルでいったん地球周回軌道上へ運び，そこからセントールロケットで打ち出す方法が考えられた．しかし，安全性の面からシャトルの貨物室に液体燃料を使用するセントールロケットを積載することは危険性が高いとの指摘から，代替機として固体燃料を使用する慣性上段ロケットを使うことになった．ところが慣性上段ロケットの推進力はセントールロケットのそれに比べてかなり劣るため，能力不足を克服する手段として考案されたのが金星と地球の複数回スウィングバイによる加速であった．こうして探査機ガリレオの惑星間飛行軌道は図6.19に示すように，直接地球から木星へ至る前に金星で1回,

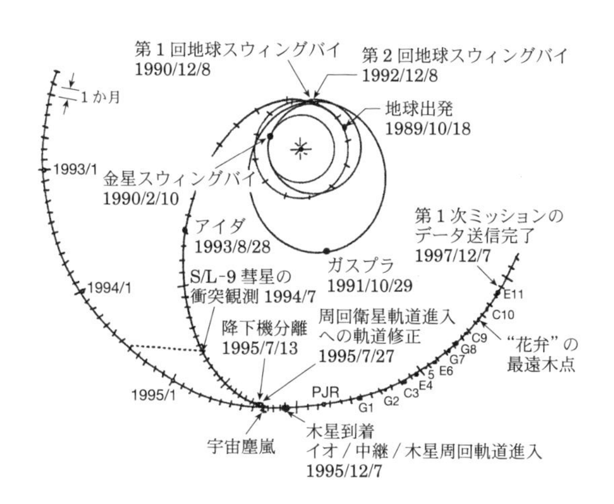

図 6.19　VEEGA-木星飛行軌道

地球で2回のスウィングバイによる加速を受けるVEEGA (Venus-Earth-Earth Gravity Assist)と呼ばれる軌道が付加されたのである.

探査機ガリレオは地球出発から115日後の1990年2月10日に金星に到着し，その表面へ16130 kmまで最接近するスウィングバイにより2.0 km/sの増速をはかった．その結果，探査機ガリレオの日心速度は影響圏脱出時に30 km/sまで加速され，約10か月後に地球へ接近する軌道に乗った．そして，1990年12月8日の地球との1回目の遭遇では961 kmまで最接近するスウィングバイにより5.2 km/sの増速をうけ，火星の公転軌道より以遠にある小惑星帯の軌道をかすめるのに十分なエネルギーを獲得して，太陽周回にちょうど2年を要する軌道に投入された．その約11か月後の1991年10月29日にガリレオは小惑星ガスプラに相対速度8 km/sで1601 kmまで接近し，その写真撮影と磁場の観測を行い，小惑星に接近した最初の探査機となった．そして，それから約13か月後の1992年12月8日，探査機ガリレオは木星へ到達するための最後の加速のため再び地球に303 kmまで最接近し，そのスウィングバイによる3.7 km/sの増速により地球の影響圏脱出時に日心速度が38.5 km/sにまで加速された．その後，小惑星帯通過時の1993年8月28日に小惑星アイダへ2396 kmまで近づき，その写真撮影と磁場の観測を行っている．このとき，その中心からおよそ100 kmの位置を約25時間の周期で公転する衛星ダクティルの姿をとらえ，初の小惑星の衛星発見をもたらした．そして，さらにこの約11か月後の1994年7月16日から23日にかけて，21個の破片に分裂したシューメーカー-レビー第9彗星が木星へ衝突する瞬間を観測している．これは地球から直接観測できない位置関係にあったため，天体同士の衝突を捉えた貴重な観測となった．それからほぼ1年後の1995年7月13日，木星到着まで約5か月に迫った時点で，木星大気中に直接進入する降下機が切り離された．降下機は軌道制御用のエンジンを備えていないため，切り離し直前に木星の赤道から $\pm 5^\circ$ 以内に到達するように軌道制御が行われ，さらに降下機の姿勢の安定を保つために10.5 rpmのスピンがかけられた．図6.20に降下機の降下履歴を示すが，1995年12月7日，降下機は

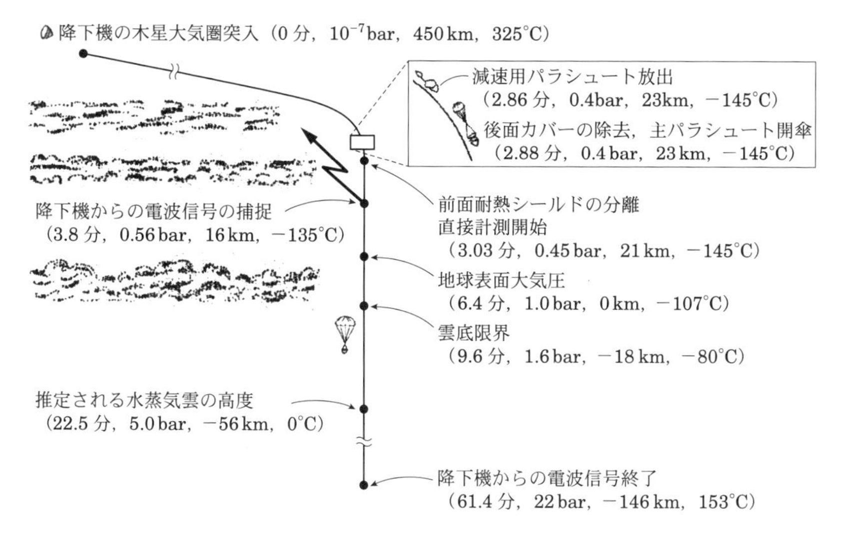

図 6. 20　降下機の木星大気中での降下履歴

47.4 km/s の速度で木星の赤道付近の北緯 6.5°，西経 4.9° の地点で木星大気に飛行経路角 −8.4° で突入し 1 気圧を示す表層大気から 146 km 降下して，22 気圧，153°C に達するまでの 61.4 分間，初めて木星大気に関する直接観測データを周回機を経由して地球に送り続け，数々の新たな発見をもたらした．このとき降下機が受けた最大荷重は 250g である．

一方，探査機ガリレオの周回機は降下機と同時に木星に到着したが，木星への最接近約 4 時間前，降下機の木星大気進入の約 4 時間前，周回機はイオに 892 km まで接近し，その重力により 175 m/s の減速を行った．そのあと，木星の雲頂からの高度 214569 km まで最接近したのち，推力 400 N の逆推進ロケットを 49 分間にわたって噴射し，これまでの速度から 643 m/s の減速を行って，周期 200 日の長楕円形の木星周回軌道に乗ることに成功した(図 6. 21)．このときの減速量は木星に近いほど減少するが，木星からの強い輻射を避けるため，近木点距離は $4R_J$ (R_J：木星半径 = 71492 km)に制限された．木星の周回軌道進入後 98 日目の 1996 年 3 月 14 日に遠木点に達し，そ

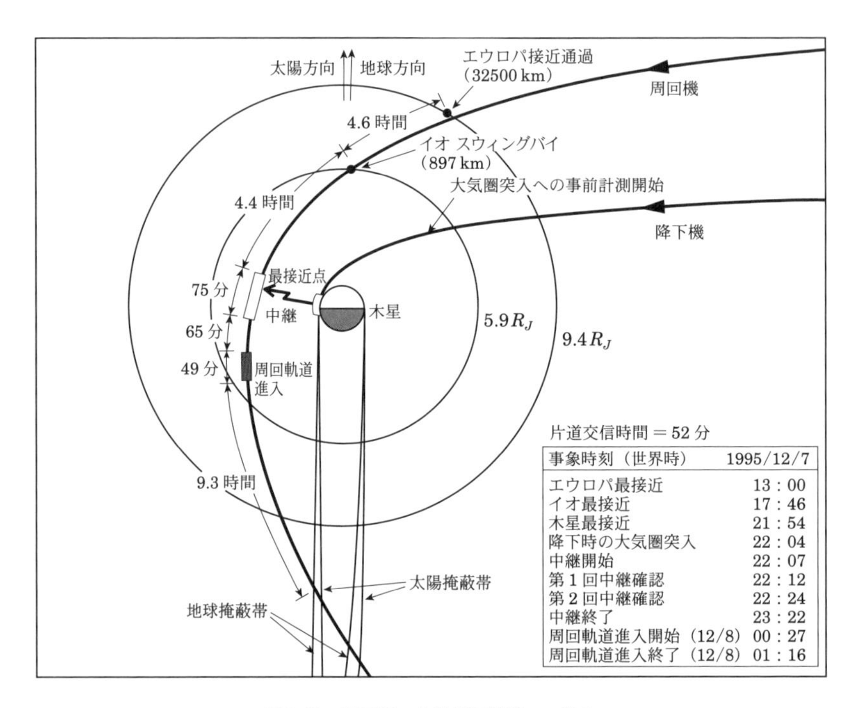

事象時刻(世界時)	1995/12/7
エウロパ最接近	13 : 00
イオ最接近	17 : 46
木星最接近	21 : 54
降下時の大気圏突入	22 : 04
中継開始	22 : 07
第 1 回中継確認	22 : 12
第 2 回中継確認	22 : 24
中継終了	23 : 22
周回軌道進入開始 (12/8)	00 : 27
周回軌道進入終了 (12/8)	01 : 16

図 6.21 周回機の木星周回軌道への進入

こで近木点距離を引き上げるための 378 m/s の増速が行われた．これは周回機が木星周囲の強い放射線帯を通過するのを避けるために，近木点距離をエウロパの軌道付近まで移動するための措置である．このあと周回機は，図 6.22 に見るようにガリレオ衛星(イオ，エウロパ，ガニメデ，カリスト)に次々に遭遇し，そのスウィングバイによる軌道制御によってあたかも“花弁”の形のように軌道を変更しながら，木星周囲の磁気圏およびガリレオ衛星の表面および周辺空間を詳しく探査した．

周回機は 1995 年 12 月から 1997 年 11 月までの 23 か月間の第 1 次ミッションで，ガニメデの周辺に太陽系の衛星としては初めて磁気圏の存在を確認し，またイオの活発な火山活動を鮮明な画像で捉え，さらにこのミッション最大の発見ともいえるエウロパ表面の氷にできた割れ目の下に海(内部海)が

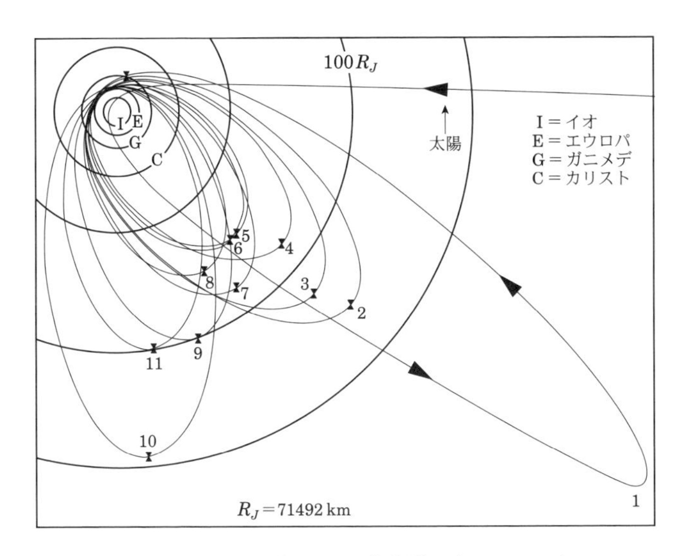

図 6.22　ガリレオ衛星ツアー軌道(第1次ミッション)

あることをうかがわせる高解像度の写真を送ってくるなど，数々の新発見をもたらした．

6.4.3 ガリレオ エウロパ ミッションとミレニアム ミッション

第1次ミッションは11周目の1997年11月6日のエウロパのスウィングバイをもって終了したが，米国議会はそれに先立ち引き続き第2次ミッション遂行の予算を承認した．これを受けて，NASA/JPLはただちに12周目の1997年12月16日のエウロパのスウィングバイから第2次ミッションを開始した．これは**ガリレオ エウロパ ミッション**と命名され，エウロパとイオを集中的に探査することを目的にエウロパと8回，カリストと4回，さらにイオと2回の遭遇が計画された．このミッションは26周目の2000年1月3日のエウロパのスウィングバイまで続けられた．

2000年初めの時点で周回機はその設計寿命を過ぎていたが，観測器はいまだ健在であったことからこのミッションは再度延長され，27周目の2000年2月22日のイオのスウィングバイから第3次ミッションとなり，新たに**ガリ**

表 6.2 ガリレオ衛星との遭遇履歴

軌道番号	目　標	日　付	最接近高度
0	イオ	1995年12月7日	897 km
1	ガニメデ	1996年6月27日	835 km
2	ガニメデ	1996年9月6日	261 km
3	カリスト	1996年11月4日	1136 km
4	エウロパ	1996年12月19日	692 km
5	[非遭遇]		
6	エウロパ	1997年2月20日	586 km
7	ガニメデ	1997年4月5日	3102 km
8	ガニメデ	1997年5月7日	1603 km
9	カリスト	1997年6月25日	418 km
10	カリスト	1997年9月17日	535 km
11	エウロパ	1997年11月6日	2043 km
12	エウロパ	1997年12月16日	201 km
13	[非遭遇]		
14	エウロパ	1998年3月29日	1644 km
15	エウロパ	1998年5月31日	2515 km
16	エウロパ	1998年7月21日	1834 km
17	エウロパ	1998年9月26日	3582 km
18	エウロパ	1998年11月22日	2271 km
19	エウロパ	1999年2月1日	1439 km
20	カリスト	1999年5月5日	1321 km
21	カリスト	1999年6月30日	1048 km
22	カリスト	1999年8月14日	2299 km
23	カリスト	1999年9月16日	1052 km
24	イオ	1999年10月11日	611 km
25	イオ	1999年11月26日	301 km
26	エウロパ	2000年1月3日	351 km
27	イオ	2000年2月22日	198 km
28	ガニメデ	2000年5月20日	809 km
29	ガニメデ	2000年12月28日	2338 km
30	カリスト	2001年5月25日	138 km
31	イオ	2001年8月6日	194 km
32	イオ	2001年10月16日	184 km
33	イオ	2002年1月17日	102 km
34	アマルテア	2002年11月5日	160 km
35	木星	2003年9月21日	[衝突]

レオ ミレニアム ミッションと命名されて35周目の2002年11月5日のアマルテアのスウィングバイまで，実に33回の衛星スウィングバイが行われた．

このあと周回機はこれまでで最も遠い$364R_J$の地点を2003年4月14日に通過した後，木星に衝突する軌道に乗り，2003年9月21日に木星へ突入して消滅した．

表6.2は，第1次から第3次ミッションまでのガリレオ衛星との遭遇履歴である．探査機ガリレオは，パイオニアやボイジャーといった木星の傍を一瞬通過する際の観測とは比較にならないほどの膨大な観測データを収集し，打ち上げから木星突入までの総飛行距離46億3177万8000 km，期間にして13年11か月をもって終了したのである．周回機の木星突入速度は48.2 km/sであった．

6.5　追憶：惑星探査機ボイジャーの航跡

6.5.1 プロローグ

2013年9月12日，アメリカ航空宇宙局(NASA)は，1977年9月5日に打ち上げた惑星探査機ボイジャー1号が，すでに太陽系から脱出して星間空間を飛行していると，公式に表明した．

人工物体が星間空間へ踏み出したのは人類史上初めてのことで，ボイジャー1号は打ち上げから36年を経て太陽から121.8 AU (1.822×10^{10} km)の深宇宙に到達している．ボイジャー1号が星間空間に入ったのは2012年8月25日ごろとみられ，公表時点までに星間空間を1年以上にわたり飛行しているということである．

ここでは，ボイジャー1号と，つづいて太陽系を脱出したボイジャー2号のこれまでの航跡をたどりながら，その飛行計画の変遷などについて概観してみよう．

6.5.2 ジェット推進研究所(JPL)

ジェット推進研究所は，カリフォルニア州パサデナにあるカリフォルニア工科大学(カルテック)[5]の付属研究所である．現在は，NASAとの契約により無人惑星探査計画の実施機関として，国家予算のもとに運営されている．

その発祥は，カルテックのダニエル・グッゲンハイム航空研究所所長で流体力学の泰斗であるセオドア・フォン・カルマン博士がアメリカ陸軍の支援のもとに1936年ごろからロケット推進の研究を始めたことにある．その実験施設は市街地から離れたアロヨセコと呼ばれる荒涼とした地域に設けられ，これらは1943年11月に“ジェット推進研究所”と命名されるに至り，新たなスタートが切られることになった(図6.23)．こうした経緯から，初代所長にはフォン・カルマン博士が就いている．

その後も研究内容は陸軍主導のミサイル開発へと発展し，その成果としてアメリカ陸軍短距離弾道ミサイル“MGM-5コーポラル”や，初の気象観測用ロケット“ワック(WAC)・コーポラル”，さらにJATO (jet assisted take off) と呼ばれる航空機離陸時の滑走距離短縮用固体燃料ロケットなどを開発していった．

1957年10月4日，ソヴィエト連邦が世界初の人工衛星スプートニク1号を打ち上げたのを受けて，4代目所長ウイリアム・ヘイワード・ピッカリング博士とアイオワ州立大学のジェームス・ヴァン・アレン博士[6]，そして陸軍レッドストーン兵器廠のヴェルナー・フォン・ブラウン博士[7]の3人が率いる陸軍チーム[8]によるアメリカ合衆国初の人工衛星エクスプローラ1号の打ち上げが1958年1月31日に実施され，成功を収めている．

図6.23 JPLの最初のロゴマーク

これを機に，将来に懸念をいだいていたJPLのピッカリング所長は設立間もないNASA(1958年10月1日設立)と無人月惑星探査計画の実施契約を結び，研究内容を月および惑星科学を中心とする宇宙科学へ大きく舵を切ったのである．こうしてJPLは，ミサイル研究開発機関から無人宇宙探査の分野における先進的研究機関へと脱皮し，成長を遂げながら現在に至っている．

6.5.3 グランドツアー計画

この計画の発案者は，1961年当時，JPLで学位論文のための研究をしていたカルテックの大学院生ゲリー・フランドロである．

フランドロと期を同じくして，JPLで学位論文の研究に取り組んでいたカリフォルニア大学の大学院生マイケル・ミノヴィッチは，小惑星や彗星などの小天体が木星の巨大な影響圏を通過した際，その軌道が大きく曲げられる現象にヒントを得て，探査機が惑星の影響圏を通過すると太陽に対する速度(の大きさと向き)を効率よく変更することができる，いわゆるスウィングバイと呼ばれる飛行技術を考案した．そして彼はこの手法をもとに，1962年から1966年までと1977年から1980年ごろまでの二つの期間に，外惑星を次々に探査できる惑星間軌道への打ち上げ窓が開くことを見つけ出していた．

フランドロはこのミノヴィッチの研究を受けて，1965年に，木星の重力を利用したスウィングバイを使ってそれより以遠の土星，天王星，海王星，冥王星を次々に訪れる**グランドツアー計画**を公表するとともに，これを可能にする惑星間軌道が175年ごとにしか出現しないことを指摘した．これは，太陽系の外惑星が太陽から見てほぼ90°以内に並ぶという特殊な状況のときのみ可能なことを意味している．グランドツアー計画は，この特殊な惑星配置を利用し，探査機を効率よく惑星に接近させて観測すると同時に，惑星の重力を使って加速することで，より短時間での飛行を可能にすることを狙ったものである．NASAは，このような貴重なチャンスを見逃すことのないよう綿密な検討の末にこの飛行計画を正式に承認し，**ボイジャー計画**としてスタートしたのである．

---

5) California Institute of Technology (Caltech).

6) 地球の周囲を取り巻く高エネルギーの放射線帯(ヴァン・アレン帯)の発見者．

7) ドイツ人ロケット技術者で，第二次世界大戦後アメリカに亡命し，人類初の月面着陸を果たすアポロ11号を月に送ったサターン5型ロケットの開発責任者．

8) このほかに海軍研究所(Naval Research Laboratory, NRL)の率いる海軍チームがあり，最初の人工衛星ヴァンガード1号の打ち上げを託されたのは，このチームである．1957年12月6日に打ち上げたが失敗に終わっている．

6.5.4 ボイジャー計画

この計画は，ベトナム戦争の戦費拡大による予算削減のあおりを受けて，予定した2機の探査機による木星—土星—冥王星および木星—天王星—海王星の順で探査するという当初のグランドツアー計画から大幅に縮小され，目標を木星とその衛星イオおよび土星とその衛星タイタンに絞りこんだものに縮小された．こうした経緯から，ボイジャー計画での軌道設計概念は，次のようなものに集約された．

木星近傍での軌道は，木星大気の観測のため，探査機から見て木星が地球と太陽を掩蔽するように設計する．また，木星磁気圏の構造を調査する期間をできるだけ長く確保するために，通過時の探査機の速度を小さくおさえるスウィングバイ軌道として，曲率の比較的小さな双曲線軌道とする．このときガリレオ衛星の近接観測を可能にするために，探査機の通過する軌道の近傍にガリレオ衛星がうまく配置するような時期に合わせて木星到着日を設定する．とくに，イオに接近することを考慮して，木星到着日は1979年4月4日以前になるようにする．

また，土星近傍での軌道はタイタンにできるだけ接近するとともに，タイタンによる地球と太陽の掩蔽，さらに土星の環の外側を通過しながらすべての環で地球を掩蔽するよう設計する．さらに，今後に予算の回復がはかられた場合を見越して，土星スウィングバイののち天王星に到達できる軌道が確保できるよう，木星到着日は1979年6月15日以降に設定する．これはそれより以前であると，土星の環の内部を通過することになり，探査機を危険にさらすとの配慮からである．

これらを考慮して地球出発時の打ち上げエネルギーC_3が最小となる時機を探ると，1977年の8月から9月にかけてが最適であると得られた(図6.24)．また，イオの観測を主目的とする軌道と天王星へつながる軌道は木星到着日が異なることから，2機の探査機が必要であることが明確になったのである．

こうして最初の探査機の打ち上げは1か月間確保された打ち上げ窓が開いてすぐの1977年8月20日に行われ，探査機は**ボイジャー2号**と命名された

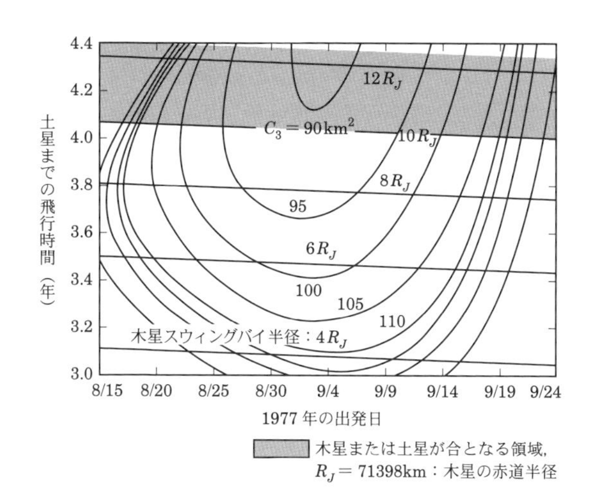

図 6.24　打ち上げエネルギー C_3 の等高線図

のである．この軌道は予算の回復しだいでは天王星へ到達できる可能性を含ませたものであった．そして2号より遅れること16日後の9月5日に**ボイジャー1号**が木星へ至る軌道に投入されたが，こちらはイオとタイタンの観測に焦点が絞られた．当初の打ち上げ予定は9月1日で，機器の不具合から打ち上げは4日遅れで行われた．いずれもタイタンⅢE/セントールD-1Tロケットにより打ち上げられ，打ち上げエネルギー C_3 は図6.24の C_3 の等高線図からボイジャー1号，2号とも105 km^2/s^2 であることがわかる．ボイジャー2号が1号より先に打ち上げられたのは，それぞれのミッションの違いによるものである．図6.25にボイジャー1号と2号の惑星間遷移軌道を示す．

ボイジャー1号と2号は，ともに質量825 kgで3軸安定方式を採用し，広角度／狭角度TVカメラ，赤外線分光計／輻射計，紫外線分光計，結像偏光計，プラズマ検出器，低エネルギー荷電粒子検出器，宇宙線検出器，磁力計，惑星輻射計，プラズマ波検出器を搭載し，11項目にわたる科学観測を目的としている．図6.26に探査機ボイジャーの外観を示す．

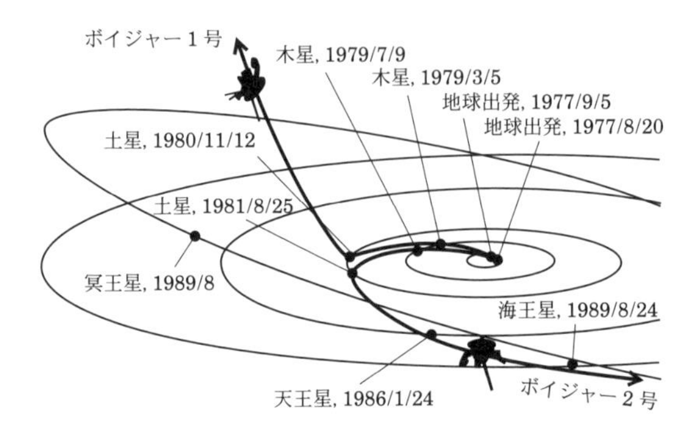

図 6.25 ボイジャー1号と2号の惑星間遷移軌道

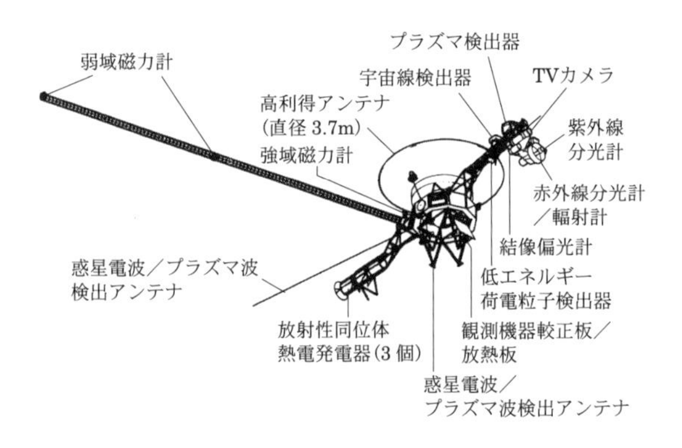

図 6.26 探査機ボイジャー

ボイジャー1号は2号より遅れて出発したが，地球から目標惑星までの遷移角が180°未満の軌道(タイプ1)へ高速で打ち出されたため地球を出発してから101日後の1977年12月15日に小惑星帯で2号を追い越し，1979年3月5日に木星に到着している．その1日前の3月4日，ボイジャー1号は衛星アマルテアに416942 kmまで最接近した．翌3月5日ボイジャー1号は木星周辺の空間の観測と木星の画像を撮りながらその表面へ348890 kmまで最接近したのち，木星から離れ去る軌道に沿ってイオ，エウロパ，ガニメデ，カリストの順に次々とガリレオ衛星に接近した．ガリレオ衛星は月と同様，つねに一定の面を木星の方向に向けているという特徴をもつので，ボイジャー1号の軌道はこの特徴を活かしてできるだけ広い範囲の画像が得られるように設計された．この成果として，イオに活発な火山活動があることが発見された．このときの飛行経路とガリレオ衛星への最接近距離を図 6.27 に示す．

一方，ボイジャー2号の木星到着は1979年7月9日であった．ボイジャー1号と異なり木星へ近づく軌道に沿って，カリスト，ガニメデ，エウロパ，アマルテアの各衛星に次々と接近したため，ボイジャー1号とは異なる表面画像が得られた．この間もボイジャー1号によるイオでの活火山発見を受けてイオの連続観測が行われ，火山活動の目印となる噴煙のほぼ完全なリストが得られた．ボイジャー2号は，木星の表面へ721750 km まで最接近したのち，地球と太陽の掩蔽帯を通過して土星へ向けて飛び去った．このときの飛行経路と各衛星への最接近距離を図 6.28 に示す．

つづいての目的地である土星に，ボイジャー1号は1980年11月12日に

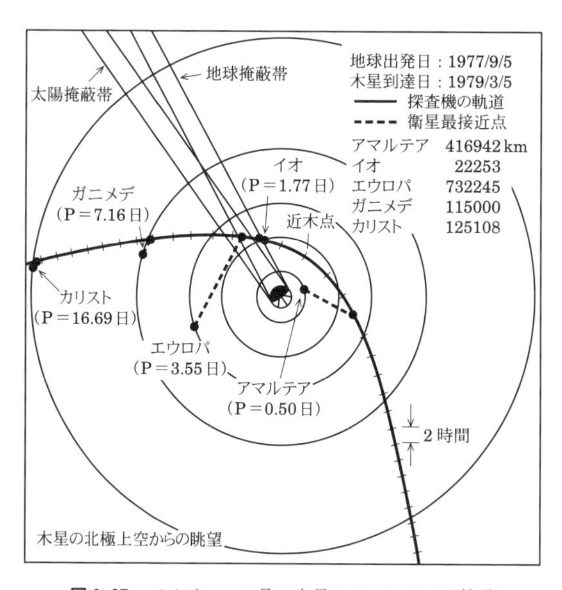

図 6.27　ボイジャー1号の木星スウィングバイ軌道

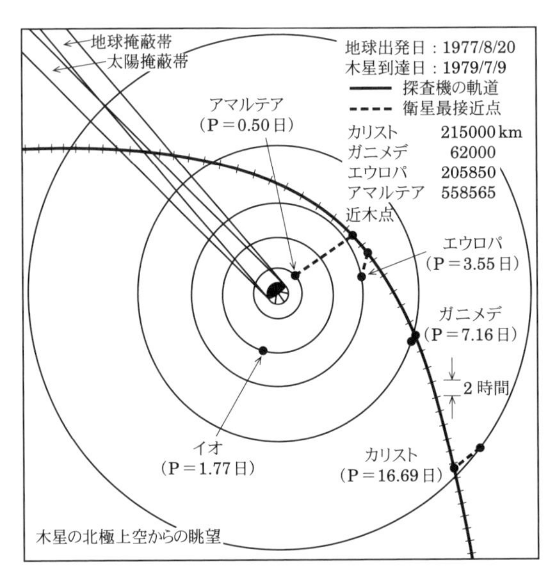

図 6.28　ボイジャー2号の木星スウィングバイ軌道

到着している．ボイジャー1号は土星最接近前日の11月11日にその最大の衛星タイタンへ4000 km まで最接近した後，その太陽と地球の掩蔽帯を通過した．つづいて土星の環の外側を北から南へ横断して，地球から見て土星の裏側へ回り込み衛星テティスへ41320 km まで最接近した．その後，土星の南緯60°付近で土星の雲頂から124200 km まで最接近し，土星の赤道面を南から北へよぎるように，また同時に土星による太陽と地球の掩蔽帯と全部の環による地球の掩蔽帯を通過した（図6.29）．そして衛星ミマス，エンケラドス，ディオネ，レアの順に次々と最接近して，土星をあとにした．このときの飛行経路と各衛星への最接近距離を図6.30に示す．この後，ボイジャー1号は太陽系からの脱出軌道に乗り，赤緯262°，赤経12°の北の方角にある琴座のベガに向かって，黄道面に対して約35°で上向きに，速さ約3.66 AU/yr（5.47×10^8 km/yr）で地球から遠ざかりつつある．1998年2月17日の時点で，ボイジャー1号は1972年3月3日に打ち上げられたパイオニア10号を追い

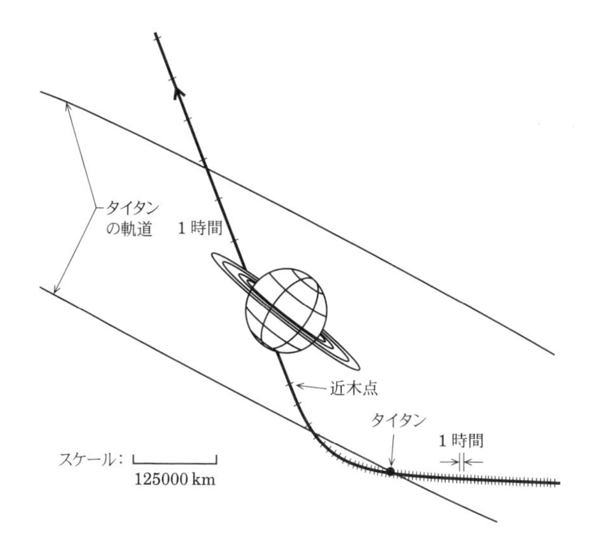

図 6.29　地球から見たボイジャー1号のタイタンおよび土星との遭遇の様子

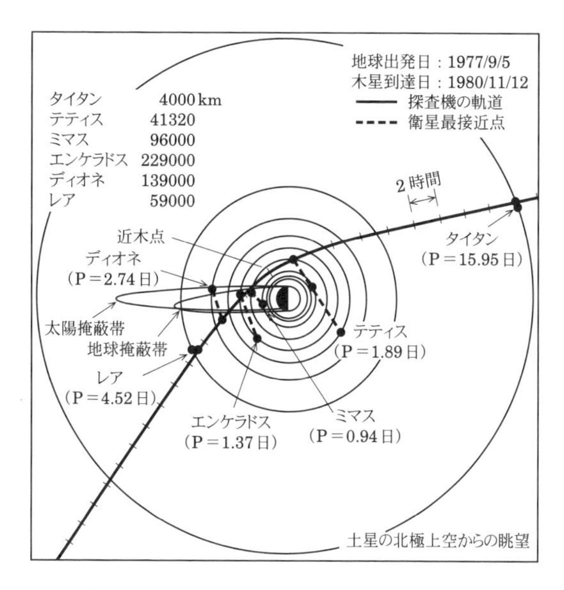

図 6.30　ボイジャー1号の土星スウィングバイ軌道

抜き，地球から 69.5 AU（1.04×10^{10} km）の距離にあって，太陽から最も遠く離れた人工天体となった．打ち上げから 36 年を経た 2013 年 9 月 6 日の時点で，太陽から 121.8 AU（1.822×10^{10} km）の距離にあり，太陽との相対速度 3.592 AU/yr（17.043 km/s）の速さで蛇遣い座の方向に進路をとった．

一方，ボイジャー 2 号は土星に 1981 年 8 月 25 日に到着している．ボイジャー 2 号は 1 号のバックアップとしての任務をおびていたが，1 号による三個の新衛星発見を受けて，その観測計画は当初予定されたものから新衛星と 1 号で観測したものとは異なる衛星を観測することに変更された．こうして土星接近時の 8 月 22 日から 25 日にかけて衛星イアペトス，ハイペリオン，タイタン，エンケラドスに次々に接近した後，土星の環から 111000 km の最接近点を通って北から南へ斜めに横断し，地球から見て南半球の裏側へ回り込んだ．図 6.31 はそのときの模様を地球とは反対側から眺めたものである．そのあとボイジャー 2 号は次第に土星から遠ざかりながら，9 月 4 日に土星の最も外側の衛星フェーベに 2200000 km まで接近し，土星でのすべての観測を終えて天王星へ向けての軌道に乗った．

ボイジャー 2 号は 4 年 5 か月の飛行の末，1986 年 1 月 24 日に天王星へ到着している．天王星には土星のような環があることが予測されていたが，これは 1977 年 3 月 10 日のジェラルド・カイパー空中天文台による観測によるもので，ボイジャー 2 号の観測から新たに発見されたものも含めて 11 本あることがわかった．また，天王星の自転軸はその公転面の垂線に対して 98° 傾き，その衛星は公転面にほぼ垂直な赤道面付近にあるため，ボイジャー 2

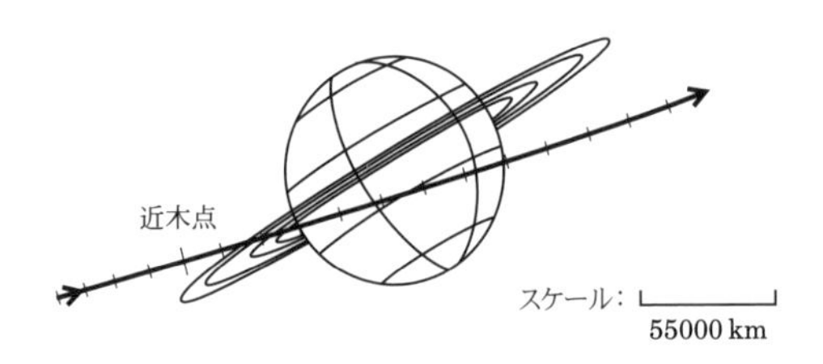

図 6. 31　ボイジャー 2 号による土星の環の横断

号はほとんど同時にすべての衛星に最接近することになり，短時間での画像撮影が求められた．ボイジャー2号はチタニア，オベロン，アリエル，ミランダの順に接近してミランダの公転軌道の内側を通過し，そのあと天王星の雲頂から81500 kmの最接近点を通過してその背後に回り込み，ウンブリエルに接近しながら太陽と地球および環の掩蔽帯を通過した．この後すぐに天王星の影響圏を脱出し，太陽との相対速度22 km/sで海王星へ向けての軌道に乗った．このときの飛行経路と各衛星への最接近距離を図6.32に示す．

天王星から3年7か月を経た1989年8月25日，ボイジャー2号は海王星に到着している．図6.33は，ボイジャー2号が海王星に最接近する少し手前から，そののち今度は衛星トリトンへ最接近するまでの軌道を，ボイジャーの軌道面内に描いたものである．このときボイジャー2号は海王星にも4本の完全な環が存在することをつきとめている．つづいて海王星の北極上空4805 kmまで最接近して夜側に回り込み，衛星トリトンに38000 kmまで最接近した．ここでは新たに窒素を吹き上げる氷火山を発見している．その後1989年10月中旬に海王星の影響圏を脱出し，ボイジャー2号は太陽系からの脱出軌道に乗り，赤経338°，赤緯 −62° の南の方角に向かって，黄道面に

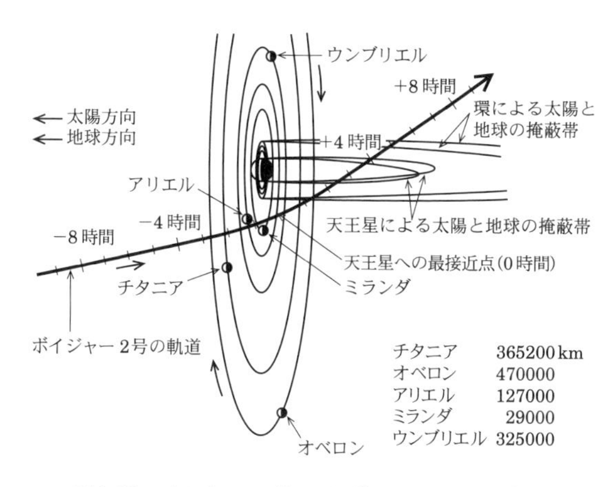

図6.32　ボイジャー2号の天王星スウィングバイ軌道

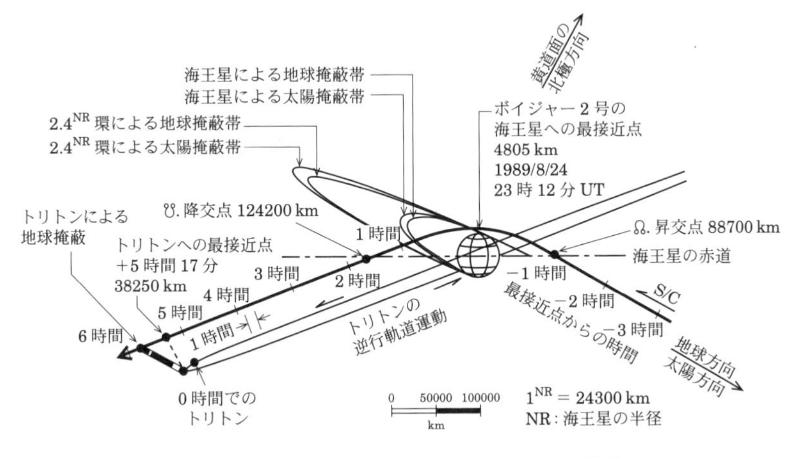

図 6.33 ボイジャー2号の海王星スウィングバイ軌道

対して約48°で下向きに，約3.13 AU/yr（4.68×10^8 km/yr）の速さで地球から遠ざかる進路をとった．2011年8月20日の時点で，太陽から約96.2 AU（1.44×10^{10} km）の距離にあり，太陽との相対速度で3.260 AU/yr（15.456 km/s）の速さで星間空間をめざしている．

6.5.5 ボイジャー星間空間ミッション

ボイジャー計画は当初の目標であったグランドツアー計画にほぼ近いかたちで終結を見た．ボイジャー2号の海王星通過後，2機の探査機の主要な観測機器は健在であったことから，NASAは新たな予算措置を行い，その名も**ボイジャー星間空間ミッション**と命名して，両探査機にさらなる任務を与えた．2機の探査機は，惑星間磁場やプラズマおよび荷電粒子などの観測を行いながら星間空間へ向けて飛行をつづけ，ボイジャー1号は2004年12月16日に太陽から約95 AU（約1.40×10^{10} km）の距離で，またボイジャー2号は2007年8月30日に約84 AU（約1.26×10^{10} km）の距離で末端衝撃波面を越えて太陽圏と星間空間の間に広がるヘリオシースと呼ばれる遷移領域に進入した．そののちボイジャー1号は2012年8月25日ごろに，また，ボイジャー2号は2018年11月5日ごろに太陽圏の縁にあたるヘリオポーズを通過して

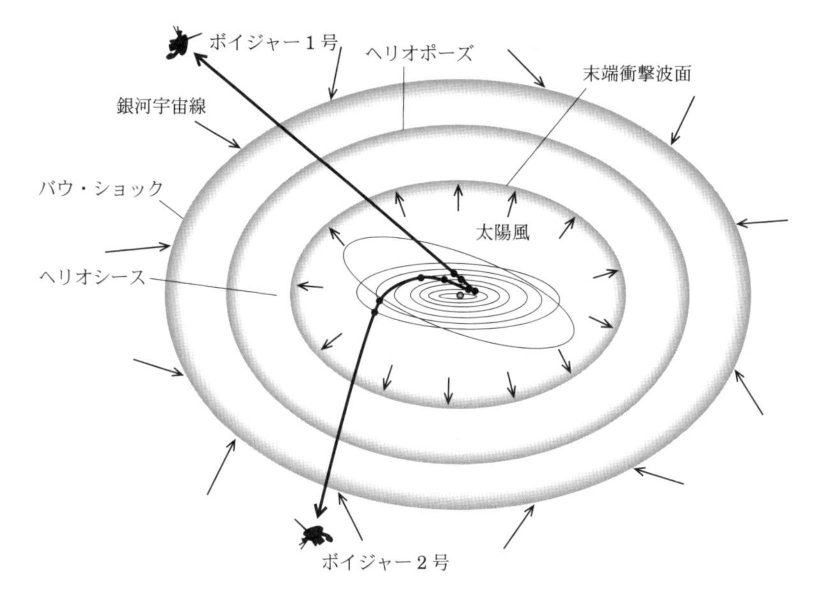

末端衝撃波面：太陽風が星間物質と衝突してできる衝撃波面
ヘリオシース：末端衝撃波面からヘリオポーズへ至る遷移領域
ヘリオポーズ：太陽風が星間物質と完全に混ざり合う境界面
バウ・ショック：銀河系内での太陽系の公転により形成される衝撃波面

図 6.34　太陽圏の概念図

星間空間に入ったと見られている(図 6.34)．現在もなお太陽の影響をわずかに受けている状況にあり，その影響から完全に離脱する時期は不明だとしながらも，ボイジャー１号に搭載した観測機器は 2022 年の時点で４台，ボイジャー２号では５台が機能しており，原子力電池からの電力供給がたたれる 2030 年過ぎまでは観測データを地球に送ってくるものと見られている．

6.5.6 エピローグ

２機の探査機は，当初，土星までの飛行しか承認されなかったが，その後の予算面での情勢変化を考慮して，天王星以遠までの運用を念頭に設計がなされた．このときの設計思想は，最新技術を盛り込むのではなく，これまで培ってきた信頼性の高い技術を結集するという考え方に集約される．これは観測機器などの機能喪失を極力最小限にとどめ，かつ最大限の情報収集を最優先するとの考えからであり，そのための方策として，冗長システムの導入，つまり完全なバックアップシステムを導入することでシステムの信頼性の向上と長期間の運用を可能にしたのである．

一方，ミッション遂行においては，それと歩調を合わせるように搭載コンピューターのソフトウエアを適宜更新し，最新の画像圧縮技術を組み込むといった機能拡大をはかった．これと同時に，地上側では遠距離通信および画像処理技術の向上に力が注がれた．こうした努力の結果が長期間にわたる運用の可能性に道を開き，それが成功の鍵となったことは周知とするところであろう．

プロジェクトチームの技量と創意，そして決断力が，無限ともいえる成果をもたらしたといっても過言ではない．

第7章

月への飛行

人類にとって最も身近な天体は月である．すでに半世紀以上前に月面に降り立った人類は，次に火星を目指すという大目標を掲げて“アルテミス計画”を開始した．計画では，中継地点となる月に月面基地を建設し，月の周回軌道上には月軌道プラットフォーム・ゲートウェイを建設しようという大計画である．その第1段階として，2022年11月16日午前1時47分(アメリカ合衆国東部標準時)に(無人の)アルテミス1号が打ち上げられた．

ここでは，月への飛行は静止衛星軌道への遷移軌道と惑星間遷移軌道の考え方の組み合わせという観点から，宇宙機が月の周回軌道(孫衛星軌道)へ至るまでを解説してみる．

7.1 月の運動

月は，地球の周りを回る唯一の天然の衛星で，その公転軌道は太陽の引力を大きく受けるので軌道の大きさや形状も刻々と変化し，その平均値は離心率が0.0549，半長軸が384400 kmの，ほぼ円に近い楕円である．したがって，月と地球の中心間の距離は384400 kmである．

また，月の公転周期は，動かないと考えられる恒星に対して平均値で27.32日であって，これを**恒星月**という．これに対し，地球も太陽の周りを公転するから，月の新月から新月(これを**朔**(さく)という)までの周期は29.53日となり，これを**朔望月**と呼ぶ．

月の軌道面は**白道面**と呼ばれるが，その黄道面との傾斜角の平均値は

5.157° である．そして，白道面と黄道面の交線はつねに一定方向ではなく，北極方向から見て時計回りに 18.6 年の周期で 1 回転する動きをしている．つまり，白道面と赤道面とのなす角は 23.433°±5.157° で変化し，最大で 28.590°，最小で 18.276° となる．

したがって，南北の緯度が 18.276°～28.590° の範囲内にある発射場からは，18.6 年ごとに最小エネルギーでの月探査宇宙機の打ち上げが可能となる．

7.2 軌道計算の手法と仮定

地球と月の間を往来する宇宙機に作用する引力は，他の惑星の引力は微小であるとして無視すると，太陽の引力を除けば地球と月の引力のみとなる．このとき両天体の引力を受けて運動する宇宙機の運動を解析するには，地球-月系において，地球の引力が月のそれより支配的となる領域では月の引力を無視して地球の引力だけを受けるケプラー運動を考え，逆に月の引力が地球のそれよりも強大となる領域では月の引力だけを受けるケプラー運動を考えるのである．このとき，地球と月の引力が均衡する境を**影響圏**と呼ぶが，月を中心とする影響圏の半径 r_S は，地球と月の中心間の距離を r_C，地球と月の質量をそれぞれ m_E, m_M とするとき，

$$r_S = r_C\left(\frac{m_M}{m_E}\right)^{\frac{2}{5}} \qquad (r_C = 384400\,\mathrm{km}) \tag{7.1}$$

で与えられる[1]．ここで $\dfrac{m_M}{m_E} = \dfrac{1}{81.3}$ であるから，$r_S = 66183\,\mathrm{km}$ と得られる．

このように，計算領域を二つに分け，各領域ではケプラー運動をするとして計算し，両軌道を影響圏面上でつなぎ合わせるという手法を**二体軌道接続法**あるいは**円錐曲線接続法**[2] と呼ぶ．惑星間遷移軌道の計算では惑星間の距離が惑星の影響圏の大きさに比べてきわめて大きいので，影響圏の大きさをゼロとする計算手法が採られる．逆に，月の場合には地球-月中心間の距離の 17.2% にもなるから，月の影響を考慮した計算が必要になるのである．

そこで，地球から月へ至るまでの宇宙機の軌道計算では，地球の引力のみを考慮する領域と，月の引力のみを考慮する領域との二つに分けて行うとし，

さらに，月の運動の特性を踏まえて，次のような仮定を置く．

(1) 宇宙機の月への遷移軌道投入点は，遷移軌道の近地点とする．
(2) 月への遷移軌道の軌道面は，月の軌道面と一致している．
(3) 月の影響圏は，半径 $r_S = 66183$ km の球面とする．
(4) 月は，地球の周りを半径 $r_C = 384400$ km，平均角速度 $\omega_M = 13.177$ °/日 $= 2.649 \times 10^{-6}$ rad/s の等速円運動をしている．

7.3　月への飛行計画

月に対する宇宙機のミッションであるが，大きく分けると次のような三つの場合が考えられる．

(1) 月面への衝突：近月点が月の半径(1737.4 km)以下になるときに起こる．
(2) 月の周回軌道：近月点で月の衛星となるための適切な減速を行う．
(3) 月の周航飛行：近月点の条件と月の影響圏からの脱出条件により決まる．

ここでは(2)の場合について，具体的な数値計算を行ってみよう．つまり，孫衛星を達成するミッションを想定する．条件としては，地表高度 275 km のパーキング軌道(円軌道)から月への遷移軌道へ打ち出すとすとして，地心距離 $r_0 = 6653.137$ km，経路角 $\gamma_0 = 0°$，遷移軌道への投入速度 $v_0 = 10.875$ km/s，位相角 $\lambda = 60°$ とするとき，月面への最接近高度 h_M と，そこまでの飛行時間 t_F を求めよう．さらに，そこから降下して月面から高度 100 km の円軌道に至るまでの全減速 Δv_T を計算してみる．

7.3.1 地球から月の影響圏面上までの飛行

図 7.1 は，地球中心固定座標系から見た月の動きと，地球周回パーキング

1) 引用および参考文献一覧の[1]の p. 11 を参照.
2) 引用および参考文献一覧の[1]の p. 201 を参照.

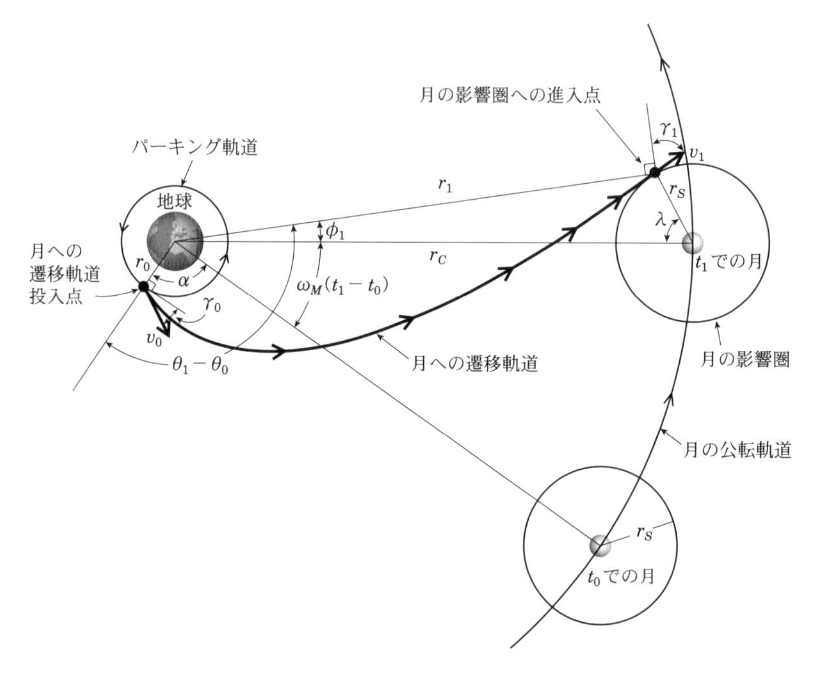

図 7.1　地球-月間遷移軌道

軌道から月の影響圏面上まで飛行する宇宙機の遷移軌道を示したものであるが，宇宙機の遷移軌道を求めるには軌道の全エネルギー ε_1 と角運動量 h_1 を知ることが先決である．そこで地球の重力常数を μ_E として，(2.9b)式と(4.3)式からこれらを求めると

$$\varepsilon_1 = \frac{1}{2}v_0^2 - \frac{\mu_E}{r_0}$$

$$= \frac{1}{2}\times 10.875^2 - \frac{3.986004\times 10^5}{6653.137} = -0.77884\ \mathrm{km^2/s^2},$$

$$h_1 = r_0 v_0 \cos\gamma_0$$

$$= 6653.137\times 10.875\cos 0^\circ = 72353\ \mathrm{km^2/s}$$

となる．これより $\varepsilon_1 < 0$ であるから，遷移軌道は楕円(の一部)になる．

したがって，遷移軌道の半長軸 a_1 と離心率 e_1 は，それぞれ(2.19)式と(2.14)式から

$$a_1 = -\frac{\mu_E}{2\varepsilon_1}$$
$$= -\frac{3.986004\times10^5}{2\times(-0.77884)} \cong 2.5589\times10^5\ \mathrm{km},$$
$$e_1 = \sqrt{1+\frac{2\varepsilon_1 h_1^2}{\mu_E^2}}$$
$$= \sqrt{1+\frac{2\times(-0.77884)\times72353^2}{(3.986004\times10^5)^2}} \cong 0.97400$$

と得られる．離心率 e_1 の値から，遷移軌道はほとんど放物線に近い細長い楕円(の一部)になることがわかる．

また，宇宙機が月の影響圏面上に達したときの動径 r_1 は，図7.1を参照しながら余弦定理を使って

$$r_1 = \sqrt{r_C^2+r_S^2-2r_C r_S\cos\lambda}$$
$$= \sqrt{384400^2+66183^2-2\times384400\times66183\cos60^\circ} \cong 3.5595\times10^5\ \mathrm{km}$$

と得られる．さらに，影響圏面上における速度 v_1 と経路角 γ_1 は，それぞれ(2.9b)式と(4.3)式から

$$v_1 = \sqrt{2\left(\varepsilon_1+\frac{\mu_E}{r_1}\right)}$$
$$= \sqrt{2\left(-0.77884+\frac{3.986004\times10^5}{3.5595\times10^5}\right)} \cong 0.82581\ \mathrm{km/s},$$
$$\gamma_1 = \cos^{-1}\frac{h_1}{r_1 v_1}$$
$$= \cos^{-1}\frac{72353}{3.5595\times10^5\times0.82581} \cong 75.751^\circ$$

と求まる．

また，宇宙機が月の影響圏面上に達したときの真近点離角 θ_1 は，(6.13)式より

$$
\begin{aligned}
\theta_1 &= \cos^{-1}\left[\frac{1}{e_1}\left\{\frac{r_0(1+e_1)}{r_1}-1\right\}\right] \\
&= \cos^{-1}\left[\frac{1}{0.97400}\left\{\frac{6653.137\times(1+0.97400)}{3.5595\times10^5}-1\right\}\right] \\
&\cong 171.42^\circ
\end{aligned}
$$

となる．したがって，このときの離心近点離角 E_1 は，(2.45)式を解き直した

$$
E = 2\tan^{-1}\left(\sqrt{\frac{1-e}{1+e}}\tan\frac{\theta}{2}\right) \tag{7.2}
$$

より

$$
\begin{aligned}
E_1 &= 2\tan^{-1}\left(\sqrt{\frac{1-e_1}{1+e_1}}\tan\frac{\theta_1}{2}\right) \\
&= 2\tan^{-1}\left(\sqrt{\frac{1-0.97400}{1+0.97400}}\tan\frac{171.42^\circ}{2}\right) \\
&\cong 113.66^\circ \cong 1.98374\ \mathrm{rad}
\end{aligned}
$$

と得られる．

これより，地球周回パーキング軌道から月の影響圏面上に至るまでの遷移軌道における飛行時間 t_{f_1} は，パーキング軌道からの離脱時に $\theta_0 = E_0 = 0^\circ$（つまり，近地点での軌道投入）であるとして，ケプラー方程式(2.50)式から

$$
\begin{aligned}
t_{f_1} &= \sqrt{\frac{a_1^3}{\mu_E}}(E_1-e_1\sin E_1)-\sqrt{\frac{a_1^3}{\mu_E}}(E_0-e_1\sin E_0) \\
&= \sqrt{\frac{(2.5589\times10^5)^3}{3.986004\times10^5}}(1.98374-0.97400\sin 113.66^\circ) \\
&\quad -\sqrt{\frac{(2.5589\times10^5)^3}{3.986004\times10^5}}(0-0.97400\sin 0^\circ) \\
&\cong 2.2381\times10^5\ 秒 \cong 62.17\ 時間 \cong 2.59\ 日
\end{aligned}
$$

と求まる．

7.3.2 月の影響圏面上での状況

図 7.2 は，宇宙機が月の影響圏面上に達した時点での状況を示したものである．図中の角 ϕ_1 は，正弦定理 $\dfrac{r_S}{\sin\phi_1} = \dfrac{r_1}{\sin\lambda}$ により

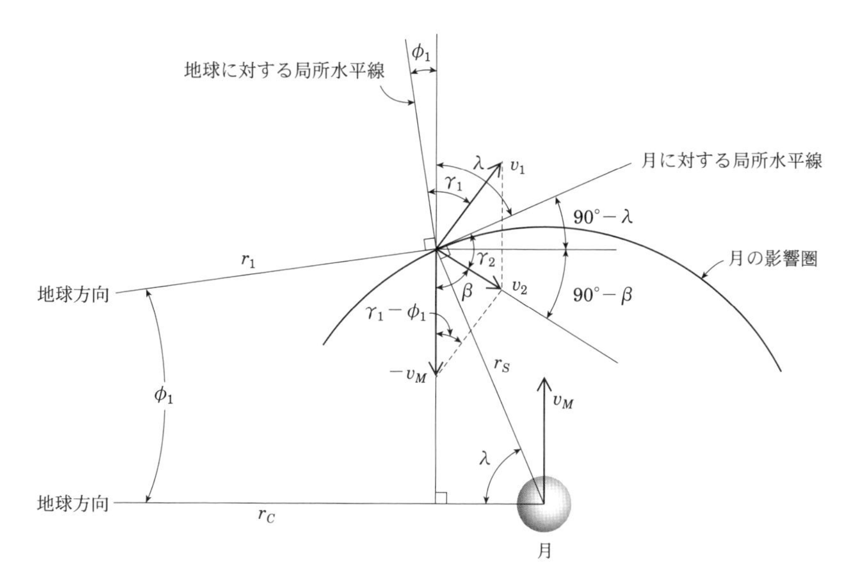

図 7.2　月の影響圏面上での状況

$$\phi_1 = \sin^{-1}\left(\frac{r_S}{r_1}\sin\lambda\right)$$

$$= \sin^{-1}\left(\frac{66183}{3.5595\times 10^5}\sin 60°\right) \cong 9.266°$$

と得られる．したがって，初期位相角 α は，$t_0 = 0$，$t_1 = t_{f_1}$ として

$$\alpha = \theta_1 - \theta_0 - \phi_1 - \omega_M(t_1 - t_0)$$

$$= 171.42° - 0° - 9.266° - 13.177°/\text{日} \times (2.59 - 0)\,\text{日}$$

$$\cong 128.03°$$

となる．

また，角 $\gamma_1 - \phi_1$ は

$$\gamma_1 - \phi_1 = 75.751° - 9.266° = 66.485°$$

であるから，影響圏面上における宇宙機の月に対する相対速度 v_2 は余弦定理により

$$
\begin{aligned}
v_2 &= \sqrt{v_1^2+v_M^2-2v_1 v_M \cos(\gamma_1-\phi_1)} \\
&= \sqrt{0.82581^2+1.023^2-2\times 0.82581\times 1.023 \cos 66.485^\circ} \cong 1.0268 \text{ km/s}
\end{aligned}
$$

と求められる.

さらに角 β は，余弦定理より $v_1^2 = v_2^2+v_M^2-2v_2 v_M \cos\beta$ であるから，これと上式とから v_2^2 を消去して $\cos\beta$ について解けば

$$
\cos\beta = \frac{v_M - v_1 \cos(\gamma_1-\phi_1)}{v_2} \tag{7.3}
$$

と得られるので，これより

$$
\begin{aligned}
\beta &= \cos^{-1}\frac{v_M - v_1 \cos(\gamma_1-\phi_1)}{v_2} \\
&= \cos^{-1}\frac{1.023-0.82581 \cos 66.485^\circ}{1.0268} \cong 47.514^\circ
\end{aligned}
$$

となる．したがって，宇宙機の相対速度 v_2 の月の局所水平線に対する角，つまり経路角 γ_2 は

$$
\begin{aligned}
\gamma_2 &= 180^\circ-\lambda-\beta \\
&= 180^\circ-60^\circ-47.514^\circ \cong 72.486^\circ
\end{aligned}
$$

と求まる.

7.3.3 月の影響圏面上から近月点までの飛行

まず，月の影響圏面上での全エネルギー ε_2 と角運動量 h_2 を求めよう．月の重力常数を μ_M として，(2.9b)式と(4.3)式からこれらを求めると

$$
\begin{aligned}
\varepsilon_2 &= \frac{1}{2}v_2^2-\frac{\mu_M}{r_2} \qquad (r_2 = r_S = 66183 \text{ km},\ \mu_M = 4902.8 \text{ km}^3/\text{s}^2) \\
&= \frac{1}{2}\times 1.0268^2-\frac{4902.8}{66183} = 0.45308 \text{ km}^2/\text{s}^2, \\
h_2 &= r_2 v_2 \cos\gamma_2 \\
&= 66183\times 1.0268 \cos 72.486^\circ = 20451 \text{ km}^2/\text{s}
\end{aligned}
$$

となる．ここで $\varepsilon_2 > 0$ であるから，宇宙機の月の影響圏内への進入軌道は双曲線になる．このことを考慮して半交軸 a_2 と離心率 e_2 は，それぞれ(2.20)式と(2.14)式から

$$a_2 = \frac{\mu_M}{2\varepsilon_2}$$

$$= \frac{4902.8}{2\times 0.45308} \cong 5410.5\ \mathrm{km},$$

$$e_2 = \sqrt{1+\frac{2\varepsilon_2 h_2^2}{\mu_M^2}}$$

$$= \sqrt{1+\frac{2\times 0.45308\times 20451^2}{4902.8^2}} \cong 4.0947$$

となる．したがって，最初の近月点距離 r_{2p} は，(2. 17)式より

$$r_{2p} = a_2(e_2-1)$$

$$= 5410.5\times(4.0947-1) \cong 16743.9\ \mathrm{km}$$

と得られるから，その月面からの高度 h_M は

$$h_M = r_{2p}-r_M$$

$$= 16743.9-1737.4 \cong \underline{15006.5\ \mathrm{km}}$$

と求まる．

次に，影響圏面上から近月点までの真近点離角 θ_2 を求めよう．それには(6. 13)式から

$$\theta_2 = \cos^{-1}\left[\frac{1}{e_2}\left\{\frac{r_{2p}(1+e_2)}{r_2}-1\right\}\right]$$

$$= \cos^{-1}\left[\frac{1}{4.0947}\left\{\frac{16743.9\times(1+4.0947)}{66183}-1\right\}\right]$$

$$\cong 85.954^\circ$$

となる．これより，影響圏面上から近月点までの飛行時間 t_{f_2} は，(2. 43)式を使って

$$t_{f_2} = \sqrt{\frac{a_2^3}{\mu_M}}\left\{\frac{e_2\sqrt{e_2^2-1}\sin\theta_2}{1+e_2\cos\theta_2}-\ln\left(\frac{\sqrt{e_2+1}+\sqrt{e_2-1}\tan\dfrac{\theta_2}{2}}{\sqrt{e_2+1}-\sqrt{e_2-1}\tan\dfrac{\theta_2}{2}}\right)\right\}$$

$$= \sqrt{\frac{5410.5^3}{4902.8}} \left\{ \frac{4.0947\sqrt{4.0947^2-1}\sin 85.954°}{1+4.0947\cos 85.954°} \right.$$

$$\left. -\ln\left(\frac{\sqrt{4.0947+1}+\sqrt{4.0947-1}\tan\dfrac{85.954°}{2}}{\sqrt{4.0947+1}-\sqrt{4.0947-1}\tan\dfrac{85.954°}{2}} \right) \right\}$$

$\cong$ 61053 秒 $\cong$ 16.959 時間 $\cong$ 0.70663 日

と得られる．

よって，月への遷移軌道投入から近月点までの所要時間 t_F は

$$t_F = t_{f_1}+t_{f_2}$$

$\cong 62.17+16.96 = 79.13$ 時間 $\cong$ 3.30 日

となる．

次に，進入双曲線軌道の近月点 r_{2p} で減速をして最終的に月面高度 100 km の周回円軌道へ投入する場合の減速の程度を見積もってみよう．進入双曲線軌道から月周回円軌道への遷移はホーマン遷移軌道を利用するとして，この場合の減速は，第 1 回が双曲線軌道の近月点 A で，第 2 回はホーマン遷移軌道の近月点 B の 2 か所で行うことになる．図 7.3 は，このときの様子を示したものである．

二点 A, B における減速 $\Delta v_1, \Delta v_2$ を求めよう．それには近月点 A における進入双曲線軌道での速度 v_{2p} が必要で，(2.27)式から

$$v_{2p} = \sqrt{\mu_M\left(\frac{2}{r_{2p}}+\frac{1}{a_2}\right)}$$

$$= \sqrt{4902.8\times\left(\frac{2}{16743.9}+\frac{1}{5410.5}\right)} \cong 1.2214\ \text{km/s}$$

となる．

一方，点 A は，ホーマン遷移軌道における遠月点になるから，そこでの速度を v_{3a} とすると，第二近月点距離を r_{3p} として(2.21b)式から

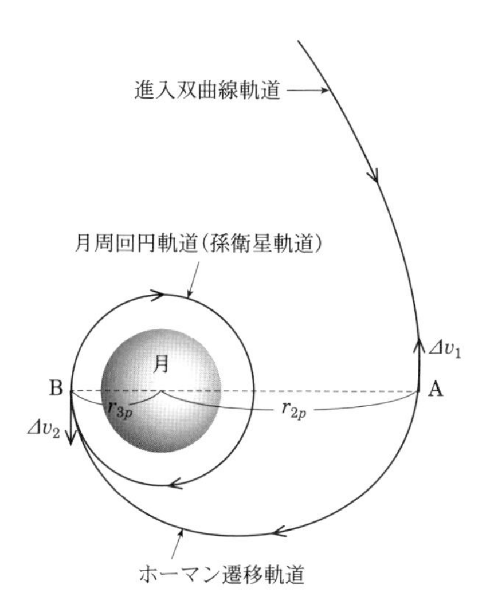

図 7. 3　進入双曲線軌道から月周回円軌道への移行

$$v_{3a} = \sqrt{2\mu_M\left(\frac{1}{r_{2p}} - \frac{1}{r_{2p}+r_{3p}}\right)}$$

$$= \sqrt{2\times 4902.8\times\left(\frac{1}{16743.9} - \frac{1}{16743.9+1837.4}\right)} \cong 0.2406 \text{ km/s}$$

を得る．

しかるに，点 A での減速 Δv_1 は

$$\Delta v_1 = v_{2p} - v_{3a}$$

$$= 1.2214 - 0.2406 = 0.9808 \text{ km/s}$$

となる．

さらに，点 B におけるホーマン遷移軌道と月周回円軌道での速度をそれぞれ v_{3p}, v_{4c} とすれば，(2. 21b)式と(2. 23)式から

$$v_{3p} = \sqrt{2\mu_M\left(\frac{1}{r_{3p}} - \frac{1}{r_{2p}+r_{3p}}\right)}$$

$$= \sqrt{2\times 4902.8\times\left(\frac{1}{1837.4}-\frac{1}{16743.9+1837.4}\right)} \cong 2.1929\ \mathrm{km/s},$$

$$v_{4c} = \sqrt{\frac{\mu_M}{r_{3p}}}$$

$$= \sqrt{\frac{4902.8}{1837.4}} \cong 1.6335\ \mathrm{km/s}$$

となる．これより点 B での減速 Δv_2 は

$$\Delta v_2 = v_{3p} - v_{4c}$$

$$= 2.1929 - 1.6335 = 0.5594\ \mathrm{km/s}$$

と得られる．

よって，全減速 Δv_T は

$$\Delta v_T = \Delta v_1 + \Delta v_2$$

$$= 0.9808 + 0.5594 = 1.5402 \cong \underline{1.540\ \mathrm{km/s}}$$

と求められる．

つまり，これだけの速度を供出できる推進剤と推進装置の搭載が必要になるということである．図 7.4 は，宇宙機が地球周回パーキング軌道から遷移軌道へ投入されて孫衛星軌道へ至るまでの，一連の軌道の概念図を示している．

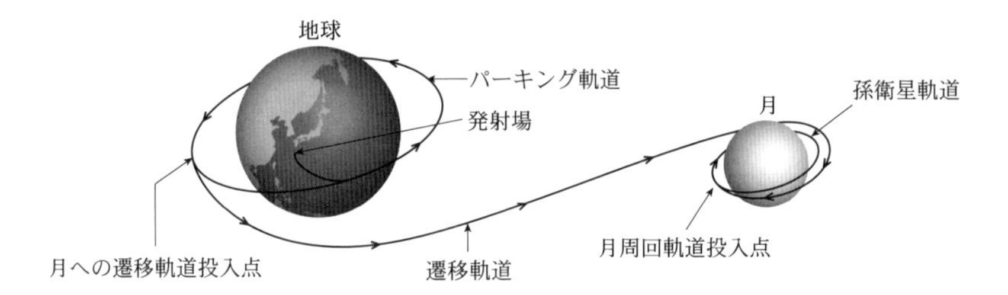

図 7.4　孫衛星ミッションにおける一連の軌道

付録

付録A　球体の万有引力

二つの質点間に働く万有引力の大きさ F であるが，それらの質量をそれぞれ M, m，その間の距離を r，万有引力の定数を G として，

$$F = G\frac{Mm}{r^2} \tag{A.1}$$

と表される(図 A.1)．これが**万有引力の法則**と呼ばれるものである．これからわかるように，万有引力の法則は，“二つの質点” の間で働く引力であることに注意する必要がある．

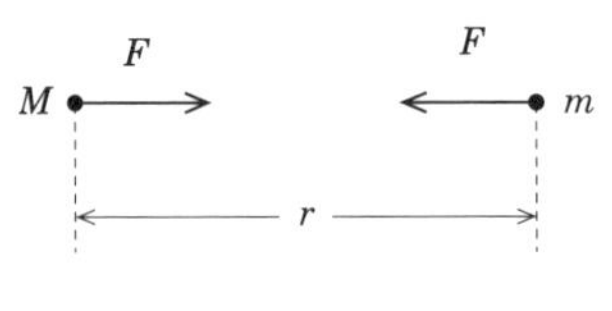

図 A.1　万有引力の法則

では，地球の表面上に置かれた小さな物体と，地球との間に働く万有引力はどのように考えたらよいのであろうか．ここでは，地球のような大きさのある物体の及ぼす万有引力について考えてみることにする．

問題を理想化して，大きさのある物体を半径 R，質量 M の一様な球体と考え，それがその中心 O から距離 r の外部の一点 P にある質量 m の質点に及ぼす万有引力を求めてみよう．この球体の密度を μ として，図 A.2 のように，その内部に半径 a，厚み da の球殻を考える．この球殻を細い円環に分けたとき，線分 $\overline{\mathrm{OP}}$ から角 θ の位置において微小角 $d\theta$ でみこむ幅 $ad\theta$ の円環について，その帯上の A の位置にある微小部分(図の灰色部分，面積 dS)に着目する．この部分の質量は $dM = \mu da\, dS$ で，dS が十分小さければ，事実上，質点とみなしてよいだろう．この微小質量 dM が，点 P の質点に及ぼす万有引力の大きさ df は，線分 $\overline{\mathrm{AP}} = \rho$ として，(A.1)式から

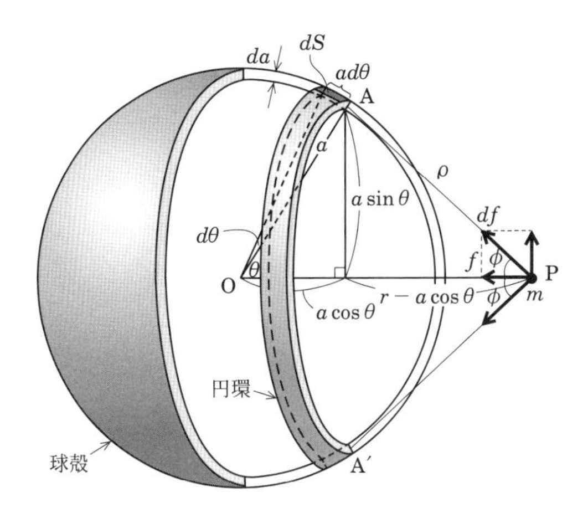

図 A.2 円環と質点の万有引力

$$df = G\frac{m\,dM}{\rho^2} = G\frac{m\mu\,dadS}{\rho^2}$$

と表される．そして，df を円環の帯全体にわたって積分すれば，円環が点 P の質点に及ぼす万有引力の大きさ f が求められるので，線分 $\overline{\mathrm{OP}}$ と $\overline{\mathrm{AP}}$ のなす角を ϕ とすれば，それは

$$\begin{aligned} f &= \int_{\substack{\text{円環の}\\\text{表面積}}} G\frac{m\mu\,dadS}{\rho^2}\cos\phi = G\frac{m\mu\,da}{\rho^2}\cdot\text{円環の表面積}\cdot\cos\phi \\ &= G\frac{m\mu\,da}{\rho^2}\cdot 2\pi a\sin\theta\cdot a\,d\theta\cdot\frac{r-a\cos\theta}{\rho} \\ &= 2\pi Gma^2\mu\,da\frac{\sin\theta(r-a\cos\theta)}{\rho^3}d\theta \qquad \text{(A.2)} \end{aligned}$$

となる．ここで，df の線分 $\overline{\mathrm{OP}}$ に垂直な成分は，$\overline{\mathrm{OP}}$ に対して A と対称な位置にある A′ の同量の微小質量が点 P の質点に及ぼす万有引力の $\overline{\mathrm{OP}}$ に垂直な成分と打ち消し合うので，結局，全体としての $\overline{\mathrm{OP}}$ に垂直な成分は 0 になる．

しかるに，球殻が質点に及ぼす万有引力の大きさ dF は，(A.2)式を θ で

$0\sim\pi$まで積分して

$$dF = 2\pi Gma^2\mu\, da\int_0^{\pi}\frac{\sin\theta(r-a\cos\theta)}{\rho^3}d\theta \tag{A.3}$$

となる．この積分を実行するには，積分変数をθからρへ変換すればよい．それには，余弦定理$\rho^2=r^2+a^2-2ar\cos\theta$より

$$\rho\, d\rho = ar\sin\theta\, d\theta,\qquad r-a\cos\theta = r-\frac{r^2+a^2-\rho^2}{2r}=\frac{r^2-a^2+\rho^2}{2r},$$

$\theta：0\to\pi$のとき$\rho：r-a\to r+a$であるから，これらを使って(A.3)式右辺の積分を実行すれば

$$\begin{aligned} dF &= 2\pi Gma^2\mu\, da\int_{r-a}^{r+a}\frac{1}{\rho^3}\frac{r^2-a^2+\rho^2}{2r}\frac{\rho\, d\rho}{ar} \\ &= G\frac{m}{r^2}\pi a\mu\, da\int_{r-a}^{r+a}\left(\frac{r^2-a^2}{\rho^2}+1\right)d\rho = G\frac{m}{r^2}\pi a\mu\, da\left[-\frac{r^2-a^2}{\rho}+\rho\right]_{r-a}^{r+a} \\ &= G\frac{m}{r^2}\cdot 4\pi a^2\mu\, da \end{aligned} \tag{A.4}$$

となる．この最後の式で，$4\pi a^2\mu\, da$は球殻の質量を表すから，(A.4)式は球殻が点Pの質点に及ぼす万有引力の大きさを表していることが確認できる．

よって，球体の質量が$M=\dfrac{4}{3}\pi R^3\mu$であることを考慮すれば，(A.4)より一様な球体が点Pの質点に及ぼす万有引力の大きさFは，

$$\begin{aligned} F &= \int_0^R G\frac{m}{r^2}\cdot 4\pi a^2\mu\, da = G\frac{m}{r^2}\cdot 4\pi\mu\left[\frac{1}{3}a^3\right]_0^R = G\frac{m}{r^2}\frac{4}{3}\pi R^3\mu \\ &= G\frac{Mm}{r^2} \end{aligned} \tag{A.5}$$

と求められる．つまり，質量Mの一様な球体がその外部の質量mの質点に及ぼす万有引力の大きさFは，“球体の全質量がその中心に集中したとする質量Mの質点が及ぼす万有引力の大きさに等しい”，といえる．したがって，大きさのある物体であっても，質量分布が一様であれば，その中心に全質量が集中した質点を考えて，(A.1)式を適用すればよい．

付録B　諸定数

表 B.1　天文定数

天文単位	$1\ \mathrm{AU} = 1.49597870 \times 10^{8}\ \mathrm{km}$
太陽の重力定数	$\mu = 2.959122083 \times 10^{-4}\ \mathrm{AU^3/day^2}$ $= 1.32712440 \times 10^{11}\ \mathrm{km^3/s^2}$

表 B.2　天体の諸定数

天体名	重力定数 ($\times 10^5\ \mathrm{km^3/s^2}$)	赤道半径 (km)	影響圏の半径 ($\times 10^5$ km)	軌道傾斜角 i (°)	軌道半長軸 a (AU)
水　星	0.2203208	2439	1.12	7.004	0.387099
金　星	3.248587	6052	6.16	3.394	0.723332
地　球	3.986004	6378.137	9.29	—	1.000000
火　星	0.4282829	3397.2	5.78	1.850	1.523691
木　星	1267.126	71492	482	1.307	5.202833
土　星	379.3952	60268	546.5	2.486	9.538762
天王星	57.80159	25559	518.4	0.774	19.191391
海王星	68.71308	24764	867.7	1.771	30.061069
冥王星	0.01020865	1195	32.1	17.150	39.529402

天体名	離心率 e	近日点黄経[1] ϖ (°)	昇交点黄経 Ω (°)	元期平均近点離角[2] M_0 (°)
水　星	0.20563	77.462	48.327	358.660
金　星	0.00678	131.564	76.670	295.535
地　球	0.01672	102.950	174.865	175.647
火　星	0.09338	336.076	49.548	328.285
木　星	0.04829	14.339	100.472	126.078
土　星	0.05604	93.077	113.656	359.712
天王星	0.04612	173.008	74.009	156.021
海王星	0.01011	48.122	131.782	263.861
冥王星	0.24847	224.141	110.318	19.403

1) 元期：2003 年 7 月 1.0 日 = JD 245281.5.
2) $\varpi = \omega + \Omega$ (ω：近日点引数).

付録C　ロケットの性能諸元

表 C.1　H-ⅡB ロケットの性能諸元

項目＼段	固体ロケットブースター	第1段	第2段
各段質量(t)	306[1]	202	20
推進剤質量(t)	263.8[1]	177.8	16.6
燃焼時間(s)	114	352	499
推力(kN)	9220[1]	2196	137
比推力(s)	283.6	440	448
衛星フェアリング(t)	3.2		

表 C.2　アトラス V551 ロケットの性能諸元

項目＼段	固体ロケットブースター	第1段	第2段
各段質量(t)	204[2]	305.4	22.96
推進剤質量(t)	183.6[2,3]	284.5	20.83
燃焼時間(s)	94	253	842
推力(kN)	6350[2]	4152	99.2
比推力(s)	275	337.8	451
衛星フェアリング(t)	5.0		

1）固体ロケットブースター4本分.
2）固体ロケットブースター5本分.
3）固体ロケットブースターの構造係数を0.10としての推定値.

付録D　ユリウス日

歴史上の出来事や天文学上の観測などを記録するのに欠かせないのが，正確な日時である．その“時”を表示するのに年月日を用いず，ある暦元の日からの通し番号で表した日付を用いる方法があり，これを**ユリウス通日**または**ユリウス日**[1]という．それは，暦元を西暦紀元前4713年1月1日正午(グリニジ時)とし，グリニジ時の正午(世界時[1] 12時)を1日の始まりとするので，たとえば2002年1月1日12時世界時のユリウス日(JD)は，2452276.0日となる．現在では，ユリウス日の第1日からすでに6700年近くを経過し，ユリウス日は2400000日を越えているので，1日の始まりを世界時0時とすることを考慮して，最近ではユリウス日の2400000.5日から改めて起算する**準ユリウス日**(MJD)が使用されている(表D.1参照)．したがって，従来のユリウス日と準ユリウス日との関係は，次のようになる．

$$\mathrm{JD} = \mathrm{MJD} + 2400000.5 \text{ 日} \qquad \text{(D.1)}$$

例として2003年10月16日午前9時43分世界時のユリウス日を求めてみよう．まず表D.1より2003年10月16日午前0時0分0秒世界時の準ユリウス日を求めるとMJD = 52912+16 = 52928日であるから，そのユリウス日は(D.1)式より

$$\mathrm{JD}_0 = 52928 + 2400000.5 = 2452928.5 \text{ 日}$$

となる．さらに，午前9時43分世界時を日に換算すると

$$\varDelta = \frac{9}{24} + \frac{43}{60 \times 24} = 0.375 + 0.029861111 = 0.404861111 \text{ 日}$$

である．よって，求めるユリウス日は

$$\mathrm{JD} = \mathrm{JD}_0 + \varDelta = 2452928.904861111 \text{ 日}$$

と得られる．

1) 詳細は，文献[1]の第6章を参照．

表 D.1 2001 年～2040 年までの毎月 0.0 日の準ユリウス日

年	1月	2月	3月	4月	5月	6月
2001	51509	51940	51968	51999	52029	52060
2002	52274	52305	52333	52364	52394	52425
2003	52639	52670	52698	52729	52759	52790
2004	53004	53035	53064	53095	53125	53156
2005	53370	53401	53429	53460	53490	53521
2006	53735	53766	53794	53825	53855	53886
2007	54100	54131	54159	54190	54220	54251
2008	54465	54496	54525	54556	54586	54617
2009	54831	54862	54890	54921	54951	54982
2010	55196	55227	55255	55286	55316	55347
2011	55561	55592	55620	55651	55681	55712
2012	55826	55957	55986	56017	56047	56078
2013	56292	56323	56351	56382	56412	56443
2014	56657	56688	56716	56747	56777	56808
2015	57022	57053	57081	57112	57142	57173
2016	57387	57418	57447	57478	57508	57539
2017	57753	57784	57812	57843	57873	57904
2018	58118	58149	58177	58208	58238	58269
2019	58483	58514	58542	58573	58603	58634
2020	58848	58879	58908	58939	58969	59000
2021	59214	59245	59273	59304	59334	59365
2022	59579	59610	59638	59669	59699	59730
2023	59944	59975	60003	60034	60064	60095
2024	60309	60340	60369	60400	60430	60461
2025	60675	60706	60737	60765	60795	60826
2026	61040	61071	61099	61130	61160	61191
2027	61405	61436	61464	61495	61525	61556
2028	61770	61801	61830	61861	61891	61922
2029	62136	62167	62195	62226	62256	62287
2030	62501	62532	62560	62591	62621	62652
2031	62866	62897	62925	62956	62986	63017
2032	63231	63262	63291	63322	63352	63383
2033	63597	63628	63656	63687	63717	63748
2034	63962	63993	64021	64052	64082	64113
2035	64327	64358	64386	64417	64447	64478
2036	64692	64723	64752	64783	64813	64844
2037	65056	65089	65117	65148	65178	65209
2038	65423	65454	65482	65513	65543	65574
2039	65788	65819	65847	65878	65908	65939
2040	66153	66184	66213	66244	66274	66305

年	7 月	8 月	9 月	10 月	11 月	12 月
2001	52090	52121	52152	52182	52213	52243
2002	52455	52486	52517	52547	52578	52608
2003	52820	52851	52882	52912	52943	52973
2004	53186	53217	53248	53278	53309	53339
2005	53551	53582	53613	53643	53674	53704
2006	53916	53947	53978	54008	54039	54069
2007	54281	54312	54343	54373	54404	54434
2008	54647	54678	54709	54739	54770	54800
2009	55012	55043	55074	55104	55135	55165
2010	55377	55408	55439	55469	55500	55530
2011	55742	55773	55804	55834	55865	55895
2012	56108	56139	56170	56200	56231	56261
2013	56473	56504	56535	56565	56596	56626
2014	56838	56869	56900	56930	56961	56991
2015	57203	57234	57265	57295	57326	57356
2016	57569	57600	57631	67661	57692	57722
2017	57934	57965	57996	58026	58057	58087
2018	58299	58330	58361	58391	58422	58452
2019	58664	58695	58726	58756	58787	58817
2020	59030	59061	59092	59122	59153	59183
2021	59395	59426	59457	59487	59518	59548
2022	59760	59791	59822	59852	59883	59913
2023	60125	60156	60187	60217	60248	60278
2024	60491	60522	60553	60583	60614	60644
2025	60856	60887	60918	60948	60979	61009
2026	61221	61252	61283	61313	61344	61374
2027	61586	61617	61648	61678	61709	61739
2028	61952	61983	62014	62044	62075	62105
2029	62317	62348	62379	62409	62440	62470
2030	62682	62713	62744	62774	62805	62835
2031	63047	63078	63109	63139	63170	63200
2032	63413	63444	63475	63505	63536	63566
2033	63778	63809	63840	63870	63901	63931
2034	64143	64174	64205	64235	64266	64296
2035	64508	64539	64570	64600	64631	64661
2036	64874	64905	64936	64966	64997	65027
2037	65239	65270	65301	65331	65362	65392
2038	65604	65635	65666	65696	65727	65757
2039	65969	66000	66031	66061	66092	66122
2040	66335	66366	66397	66427	66458	66488

付録E　ケプラー方程式の数値解法

ここでは，平均近点離角 M が与えられたとして，ケプラー方程式中の離心近点離角 E を求めるためのニュートン-ラフソン法による解法手順を示しておく．

まず，離心近点離角 E を変数とする関数 $F(E)$ を

$$F(E) \equiv E - e\sin E - M \tag{E.1}$$

と定義する．すると，その導関数は

$$\frac{dF}{dE} = 1 - e\cos E \tag{E.2}$$

となるから，以上の二式を使って反復計算式は

$$(E)_{n+1} = (E)_n + \left(\frac{F(E)}{\dfrac{dF}{dE}}\right)_n \tag{E.3}$$

と書くことができる．ここに，$(E)_n$ は E の第 n ステップ値を表し，ほかも同様とする．そして，この反復計算の収束については，

$$|(E)_{n+1} - (E)_n| > (\text{許容誤差，例えば } 10^{-6})$$

ならば $(E)_{n+1}$ を $(E)_n$ に設定し直して最初のステップへもどし，許容誤差以下なら要求精度を満たしたとして，このときの $(E)_{n+1}$ を解として出力する．このときの計算の流れ図を示すと，図 E.1 のようになる．

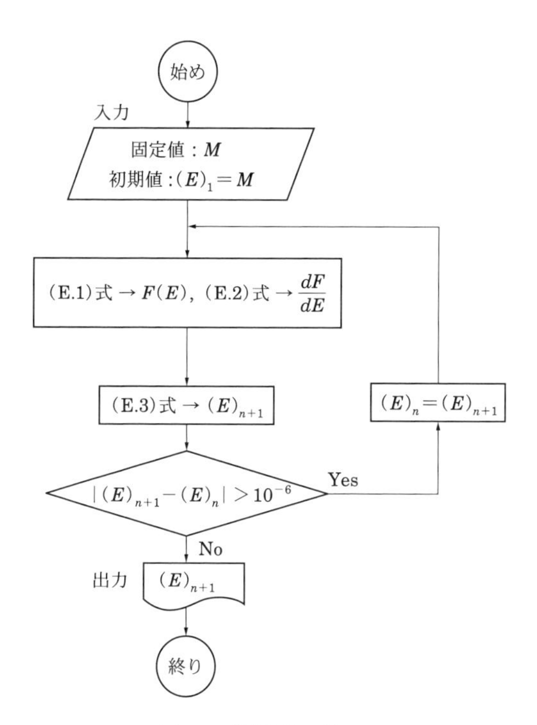

図 E.1　数値解法の流れ図

付録F　ランベルト問題の数値解法

ここでは，二点境界値問題であるランベルト問題のニュートン-ラフソン法による数値解法の骨子と流れ図(図 F.1)を示しておく．

反復計算は，変数 θ_1 の第 n ステップ値を $(\theta_1)_n$，第 $n+1$ ステップ値を $(\theta_1)_{n+1}$ として

$$(\theta_1)_{n+1} = (\theta_1)_n + \left(\frac{\tilde{t}_F - t_F}{\dfrac{dt_F}{d\theta_1}} \right)_n$$

により行う．その結果，

$|\tilde{t}_F - t_F| >$ (許容誤差，例えば 10^{-1})

なら $(\theta_1)_{n+1}$ を $(\theta_1)_n$ に設定し直して最初のステップへもどし，許容誤差以下なら要求精度を満たしたとして，このときの $\theta_1, \theta_2, e, r_p, a, t_F$ を解として出力する．ただし，右の流れ図で，中心星の重力定数 μ，二点 P, Q の中心星からの距離 r_1, r_2，およびその間の遷移角 $\varDelta\theta$ と飛行時間 $\tilde{t}_F$ は固定値としてあらかじめ与えておく．

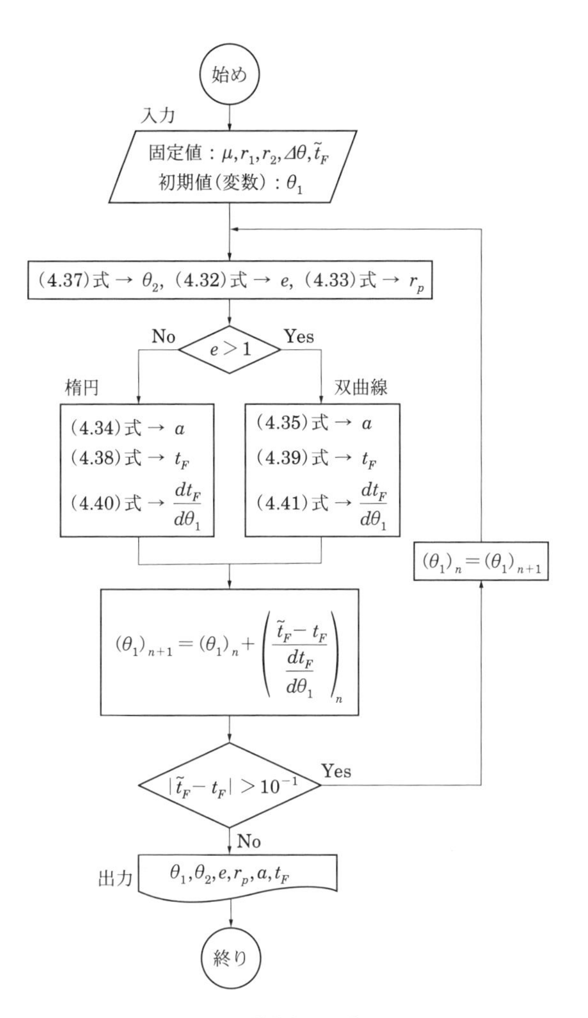

図 F.1　数値解法の流れ図

引用および参考文献一覧

[1] 半揚稔雄，『ミッション解析と軌道設計の基礎』，現代数学社，2014 年.

[2] 半揚稔雄，「挑戦！ 第 3 宇宙速度を超えて」，『数学セミナー』2015 年 12 月号，pp. 40–46，日本評論社.

[3] 半揚稔雄，「恒星間空間をめざして――惑星探査機ボイジャーの 36 年の航跡」，『数学セミナー』2014 年 3 月号，pp. 35–41，日本評論社.

[4] 半揚稔雄，「新型ロケット“イプシロン”をみつもる」，『数学セミナー』2013 年 8 月号，pp. 48–52，日本評論社.

[5] 半揚稔雄，「惑星間飛行の超テクニック 地球スウィングバイ」，『数学セミナー』2012 年 4 月号，pp. 40–45，日本評論社.

[6] 半揚稔雄，「木星探査機ジュノーの惑星間軌道」，『理系への数学』2012 年 5 月号，pp. 71–76，現代数学社.

[7] K. J. Ball and G. F. Osborne, *Space Vehicle Dynamics*, Oxford University Press, 1967.

[8] W. T. Thomson, *Introduction to Space Dynamics*, John Wiley & Sons, Inc., 1961.

[9] C. D. Brown, *Spacecraft Mission Design* (second edition), AIAA, 1998.

[10] V. G. Szebehely and H. Mark, *Adventures in Celestial Mechanics* (second edition), John Wiley & Sons, Inc., 1998.

[11] R. R. Bate, D. D. Mueller and J. E. White, *Fundamentals of Astrodynamics*, Dover Publications, 1971.

[12] G. P. Sutton, *Rocket Propulsion Elements* (third edition), John Wiley & Sons, Inc., 1967.

[13] Press Kit, “*New Horizons, Launch*”, January 2006.
http://pluto.jhuapl.edu/

[14] Press Kit, “*New Horizons, Jupiter Flyby*”, February 2007.
http://pluto.jhuapl.edu/

[15] D. W. Dunham and R. W. Farquhar, “*Background and Application of Astrodynamics for Space Missions of the Johns Hopkins Applied Physics Laboratory*”.
http://pluto.jhuapl.edu/

[16] http://juno.wisc.edu/mission.html

[17] http://www.nasa.gov/mission_pages/juno/news/juno20110805.html

[18] http://www.nasa.gov/mission_pages/juno/overview/index.html

[19] Jet Propulsion Laboratory, “*Galileo: The Tour Guide*”, JPL D-13554, Caltech, June 1996.

[20] D. Fischer, *Mission Jupiter —— The Spectacular Journey of the Galileo Spacecraft*, Copernicus Books, 2001.

[21] NASA Facts, “*Galileo Mission to Jupiter*”, 2003.

[22] Press Kit, “*Galileo End of Mission*”, NASA, September 2003.

索引

【あ行】

【か行】

【さ行】

【た行】

【な行】

【は行】

【ま行】

【や行】

【ら行】

半揚稔雄
はんよう・としお

1947年，九州生まれ．北海道札幌市で育つ．
東京大学大学院工学系研究科航空学専門課程博士課程修了，工学博士．
防衛大学校および東京大学宇宙航空研究所（現・JAXA宇宙科学研究所）などで
宇宙飛翔力学を研究．

著書に，
『ミッション解析と軌道設計の基礎』（現代数学社，2014年）
『入門 連続体の力学』（日本評論社，2017年）
『つかえる特殊関数入門』（日本評論社，2018年）
がある．

惑星探査機の軌道計算入門［改訂版］
宇宙飛翔力学への誘い

2017年9月25日　第1版第1刷発行
2023年9月10日　改訂版第1刷発行

著者 ―――― 半揚稔雄

発行所 ―――― 株式会社　日本評論社
〒170-8474　東京都豊島区南大塚3-12-4
電話　03-3987-8621［販売］
03-3987-8599［編集］

印刷 ―――― 株式会社　精興社

製本 ―――― 井上製本所

装丁 ―――― 山田信也（ヤマダデザイン室）

ISBN 978-4-535-78991-3